myBook+

Ein neues Leseerlebnis

Lesen Sie Ihr Buch online im Browser – geräteunabhängig und ohne Download!

Und so einfach geht's:

- Gehen Sie auf **https://mybookplus.de**, registrieren Sie sich und geben Ihren Buchcode ein, um zu Ihrem Buch zu gelangen
- **Ihren individuellen Buchcode finden Sie am Buchende**

Wir wünschen Ihnen viel Spaß mit myBook+!

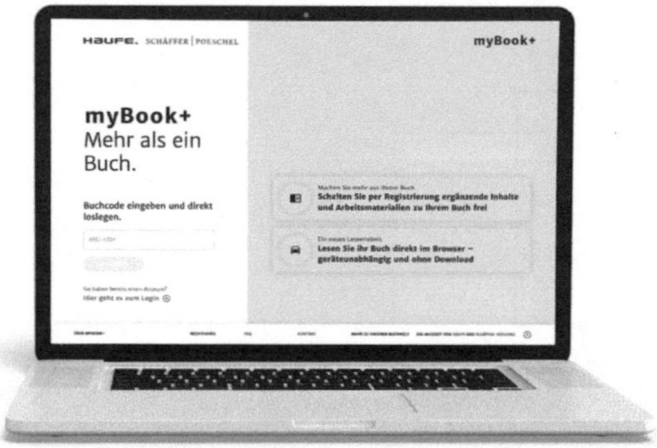

Willkommen, Generationenvielfalt!

Nadine Nordmann / Ulla Drewitz

Willkommen, Generationenvielfalt!

Gen X, Millennials, Gen Z – ein starkes Team

1. Auflage

Schäffer-Poeschel Verlag Stuttgart

Bibliografische Information der Deutschen Nationalbibliothek

Die Deutsche Nationalbibliothek verzeichnet diese Publikation in der Deutschen Nationalbibliografie; detaillierte bibliografische Daten sind im Internet über http://dnb.dnb.de/ abrufbar.

Print:	ISBN 978-3-7910-6051-4	Bestell-Nr. 10989-0001
ePub:	ISBN 978-3-7910-6052-1	Bestell-Nr. 10989-0100
ePDF:	ISBN 978-3-7910-6053-8	Bestell-Nr. 10989-0150

Nadine Nordmann, Ulla Drewitz
Willkommen, Generationenvielfalt!
1. Auflage, November 2023

www.schaeffer-poeschel.de
service@schaeffer-poeschel.de

Bildnachweis (Cover): Groothuis. Gesellschaft der Ideen und Passionen mbH für Kommunikation und Medien, Marketing und Gestaltung. www.groothuis.de
Grafiken: Pauline Karlson. www.paulinekarlsondesign.com

Produktmanagement: Dr. Frank Baumgärtner
Lektorat: Heike Rach

Schäffer-Poeschel Verlag Stuttgart
Ein Unternehmen der Haufe Group SE

Vorwort

»Wir begegnen uns in den Gemeinsamkeiten und wachsen an unseren Unterschieden.«
Virginia Satir

Millennials sind zu faul, um Chef*innen zu werden, die Generation Z hält Workations und 100% Homeoffice für selbstverständlich und Generation X nutzt lieber Faxgeräte und Festnetztelefone, anstatt zu mailen.

Vorurteile über die unterschiedlichen Generationen in der Arbeitswelt sind ebenso häufig wie hartnäckig vertreten. Uns, Nadine Nordmann (42, Generation Y) und Ulla Drewitz (57, Generation X), ist ein solches – selten im Kern berechtigtes, oftmals völlig absurdes und immer diskriminierendes – Schubladendenken im Lauf unserer Karrieren kontinuierlich begegnet. Sowohl als persönliche Erfahrung als auch durch andere an uns herangetragen und insbesondere aus unserer langjährigen Perspektive als Führungskräfte. Und es begegnet uns bis heute.

Bei allen, manchmal durchaus amüsant anmutenden, Anekdoten über Kollege A oder Chefin B ist es uns enorm wichtig, den Blick auf das Wesentliche zu richten: Unsere moderne Arbeitswelt steckt in einem hochbrisanten Dilemma. Zahlreiche Konflikte in Teams, Abteilungen, Unternehmen sind eigentlich Generationenthemen – ohne dass sich die Beteiligten und Verantwortlichen dessen bewusst sind.

Ein tägliches Aufeinandertreffen von unterschiedlichen Persönlichkeiten mit widersprüchlichen Vorstellungen, z.B. von Digitalisierung, Homeoffice, Leistungsbereitschaft oder Work-Life-Balance, stellt moderne Personalabteilungen, Führungskräfte und letztlich auch die Teammitglieder selbst vor große Herausforderungen. Aktuell – und in Zukunft noch stärker. Denn noch nie zuvor arbeiteten in Firmen bis zu vier Generationen parallel.

Gleichzeitig bedeutet diese Diversität eine immense Chance für jedes Unternehmen, wenn sie als Erfolgsfaktor erkannt und klug genutzt wird, nämlich zwischenmenschlich wie strategisch gewinnbringend.

Während unserer langjährigen Zusammenarbeit als Chefredakteurinnen bei Magazinen für junge Zielgruppen (BRAVO, BRAVO GiRL! und JOY) haben wir die großartige Erfahrung gemacht, dass sich unsere abweichenden Werte und Wünsche an den Beruf nicht boykottieren, sondern ganz im Gegenteil wunderbar ergänzen. Wir bringen in der anderen jeweils das Beste zum Vorschein und entwickeln uns gerade *wegen* unserer Unterschiede gemeinsam weiter. Mehr als das: In dem Moment, in dem wir unsere Unterschiedlichkeit anerkennen und als unendlich sprudelnde Ressourcenquelle wertzuschätzen lernen, potenziert sich unser persönliches wie wirtschaftliches Wachstum exponenziell.

Verschiedenheit heißt für uns Vielfältigkeit und wir schätzen sie als einen der kraftvollsten Hebel, den es in der Arbeitswelt gibt.

Unsere positive Erfahrung möchten wir heute – natürlich zusammen – mit diesem Buch an andere Teams und Leader*innen weitergeben. Unser Ziel ist es, Verständnis für diverse Generationen in die Unternehmen zu bringen, um eine nachhaltige, Vertrauen stiftende Zusammenarbeit zu erschaffen. Dabei entstehen Wertschätzung, Austausch auf Augenhöhe und wirtschaftlicher Erfolg. Unsere Vision ist eine generationenübergreifende Teamentwicklung und die Professionalisierung von Führungskräften im Bereich New Work. New Work bedeutet für uns nicht nur digitales, zeit- und ortsunabhängiges Arbeiten, sondern eine neue Definition von Arbeit, die den *Menschen* in den Mittelpunkt stellt. Im Fokus dieser Ausführung stehen deswegen ein aufrichtiges Commitment zu einem bewussten Miteinander, das Prinzip des Reverse Mentoring und der gemeinsame Wachstumserfolg.

Das wollen wir mit diesem Buch NICHT erreichen:
- × **Unconscious Bias (= unbewusste Vorurteile) stärken**
- × **Stereotypen zementieren**
- × **Generationen bewerten**

sondern Sie anleiten:
- ✓ **Vielfalt als Chance für unternehmerische Ziele und persönliche Entwicklung zu entdecken**
- ✓ **Verständnis für Prägungen als »Superpower« für ein produktives Miteinander zu nutzen**
- ✓ **Wertschätzung für unterschiedliche Generationen zu entwickeln**

Für uns galt schon immer: 1 + 1 = 1.000. Wir freuen uns, wenn Sie dieser Maxime und unserer Einladung folgen. Die Zukunft ist jung und alt – und alles dazwischen!

München, im Juni 2023
Nadine Nordmann & Ulla Drewitz

Inhaltsverzeichnis

Einleitung

Nicht nur unsere persönlichen beruflichen Erfahrungen in der Verlagswelt haben uns mit der nachweislichen Wirksamkeit von Generationenentwicklung in Berührung gebracht. Auch im gesamtgesellschaftlichen Kontext gewinnt diese Thematik immer mehr an Bedeutung.

Warum also JETZT dieses Buch?
Die differierenden Haltungen und Verhaltensweisen der einzelnen Generationen sind an sich kein neues Thema. Die veränderten Rahmenbedingungen allerdings schon. Die Verkürzung der Ausbildungszeiten in Kombination mit der Erhöhung des Rentenalters spitzt die Situation deutlich zu: Die Dauer der gemeinsamen Zusammenarbeit unterschiedlicher Generationen in einem Unternehmen wird sich um ca. zehn Jahre verlängern, die Mehr-Generationen-Belegschaft wird in Unternehmen zur Normalität werden. »Dies impliziert auch eine längere Parallelität von unterschiedlichen Werten und Vorstellungen im Arbeitsleben.«[1] Aus dieser Altersvielfalt dürfen wir vielfältige positive Effekte wie eine höhere Kreativität und eine gesteigerte Problemlösefähigkeit erwarten – dazu später mehr. Allerdings können durch die Altersdiversität durchaus Reibungsflächen zwischen den einzelnen Gruppen (und damit auch Produktivitätseinbußen) entstehen. Denn unterschiedliche Prägungen der einzelnen Generationen und damit unterschiedliche Einstellungen, Werte und Bedürfnisse, bedeuten im beruflichen Kontext auch unterschiedliche Erwartungen im Hinblick auf Führung, Kommunikation, Zusammenarbeit und Leistung.

Die aus unserer Sicht wichtigsten Hebel, um trotzdem eine erfolgreiche Zusammenarbeit zu garantieren: informieren, aufklären, verstehen und verbinden. *Mit*einander reden statt *über*einander. Wer nachvollzieht, warum ein*e Kolleg*in bestimmte Erwartungen und Arbeitsweisen hat (beispielsweise lieber per E-Mail als per Telefon kommuniziert), kann sich besser darauf einstellen und wird sich im Zweifelsfall weniger über eine Herangehensweise ärgern, weil sie nicht der eigenen entspricht. Wenn wir die Gründe für vermeintlich »seltsames« Verhalten unseres Gegenübers erkennen, »[…] sind wir in der Lage, neugierig, neutral, respektvoll und wertschätzend zu reagieren. […] Es gilt also, sich die Hintergründe für das eigene Verhalten und das der anderen klarzumachen, dazu gehört Bewusstsein für die eigene Geschichte und die anderen Generationen und dieses ermöglicht erst, neugierig auf das Gegenüber zuzugehen.«[2]

Auch wenn das Thema Diversity in den letzten Monaten und Jahren zunehmend an Bedeutung gewonnen hat, spielte die Förderung eines altersdiversen Miteinanders in Unternehmen bislang eine sehr untergeordnete Rolle. Ob sich Mitarbeiter langfristig an ein Unternehmen binden, hängt allerdings ganz entscheidend davon ab, inwiefern ihre Wünsche und Erwartungen erfüllt werden. Die von uns anvisierte Generationenentwicklung will also die Arbeitgeberat-

1 Klaffke: Generationen-Management, S. V.
2 Tavolato: Aktives Generationen-Management, S. 34.

traktivität erhöhen und die unternehmerischen Rahmenbedingungen so optimieren, dass alle Altersgruppen in einem Unternehmen fähig und bereit sind, ihren vollen Arbeitseinsatz zu leisten. Dies kann Regelungen zu Arbeitszeit und Arbeitsplatz genauso betreffen wie Fragen zu Karriere und Entwicklung.[3]

Die Vielfalt der Belegschaft am Arbeitsplatz ist dabei kein Wert an sich, also per se weder gut noch schlecht. Der Wert der Mitarbeitervielfalt ergibt sich vielmehr aus dem Beitrag, den eine diverse Mitarbeiterschaft bei der Erreichung der Unternehmensziele spielen kann.[4] Für manche Unternehmen wird das Thema sicher eine bedeutendere Rolle einnehmen als für andere.

Für *alle* Unternehmen relevant ist allerdings die Tatsache, dass sie sich heute schon schwertun, qualifizierten Nachwuchs zu finden. Gerade die junge Generation Z, die jetzt in das Erwerbsleben eintritt, verhält sich ersten Studien zufolge dabei ganz anders als Mitarbeiter vorheriger Generationen.[5] Für die Generation Z ist alles Digitale essenziell. Sie kombiniert virtuelle und reale Kontakte und findet es selbstverständlich, von jedem Ort und zu jeder Zeit Zugang zu Gütern jeglicher Art zu haben. Für Arbeitgeber stellt sich hier die Herausforderung, auf die digitale Geschicklichkeit der jungen Generation einzugehen und sie an der Entwicklung neuer Angebote zu beteiligen.

Hinzu kommt, dass die Mehrheit der Angehörigen der Generation Z in stabilen finanziellen Verhältnissen aufgewachsen ist und im Unterschied zu ihrer Vorgängergeneration Y hervorragende Perspektiven in Ausbildung und Beruf vorfindet. »Denn der Ausbildungs- und der Arbeitsmarkt haben sich deutlich verändert. Die jungen Leute müssen nicht mehr wie ihre Vorgänger als Bittsteller bei Unternehmen auftreten, sondern sie können zwischen verschiedenen Ausbildungs- und Berufsangeboten wählen […]. Die demographische Entwicklung spielt den jungen Leuten in die Hände.«[6]

Der demografische Wandel der Gesellschaft und die Veränderung der Altersstruktur führen bei der jungen Generation Z dementsprechend zu veränderten Ansprüchen, Vorstellungen und Erwartungen. Im Vergleich zu ihrer Vorgängergeneration Y hat sie ihre Angst verloren, einen Arbeitsplatz zu finden. Zler zeichnen sich durch eine Selbstsicherheit und ein Selbstverständnis aus, welches stark von der Lebenswirklichkeit der älteren Generationen abweicht: Laut des Workmonitors 2022 der globalen Personalvermittlung Randstad würde mehr als die Hälfte der Befragten aus der Generation Z ihren Job kündigen, wenn die Stelle sie daran hindere, das Leben zu genießen. Ungefähr 40 % gaben an, schon einmal gekündigt zu haben, weil die Arbeit nicht zum Privatleben gepasst habe.[7]

---

3 Klaffke: Generationen-Management, S. VI.
4 Klaffke: Generationen-Management, S. 7.
5 Klaffke: Generationen-Management, S. 5.
6 Kring/Hurrelmann: Die Generation Z erfolgreich gewinnen, führen, binden, S. 16.
7 https://utopia.de/news/generation-z-lieber-ohne-arbeit-als-ungluecklich-im-job/ (29.06.2023); https://www.randstad.com/workforce-insights/global-hr-research/randstad-workmonitor/ (29.06.2023)

Die jungen Menschen, die gerade beginnen, in den Arbeitsmarkt einzutreten, können sich diesen Komfort leisten. In den kommenden Jahren werden die geburtenstarken Babyboomer in Rente gehen und eine riesige Lücke hinterlassen: Auf 1,4 Millionen Babyboomer pro Geburtsjahrgang kommen nicht einmal 750.000 Angehörige der Generation Z.[8] Und noch etwas stärkt das Selbstbewusstsein der Jüngeren: Sie sind in einer Welt der stärkeren Kinderzentrierung aufgewachsen. Kinder und Jugendliche der Generation Z wurden »[...] viel bewusster als früher als eigenständige Subjekte, als Akteure und Co-Produzenten ihrer eigenen Entwicklung inmitten einer globalisierten und medial geprägten Welt wahrgenommen.«[9] Natürlich wirkt dieser Umstand werte- und verhaltensprägend und wird somit auch Einfluss auf die Erwartungen der Generation Z an das Arbeitsleben haben. Die Folge: Arbeitgeber müssen sich besonders bemühen, diese junge Generation zu gewinnen und zu halten. Hinzu kommt: Kolleg*innen aus älteren Generationen, die früher ihre letzten Jahre vor der Rente vielleicht einfach »abgesessen« und die Eigenheiten der Nachfolgegenerationen ignoriert hätten, werden sich heute durch die längere gemeinsame Arbeitszeit aktiv mit ihren jüngeren Kolleg*innen auseinandersetzen müssen.

Deutlich wird: Generationenentwicklung ist eine große Herausforderung, mit der es sich zu beschäftigen lohnt. Wir konzentrieren uns in diesem Buch auf die Generationen, die in den kommenden Jahren die arbeitende Bevölkerung Deutschlands ausmachen werden: X, Y und Z. Die Generation der Babyboomer soll dabei nicht vernachlässigt werden – sie ist jedoch bereits zu einem Großteil in Rente gegangen oder wird dies in den nächsten Jahren tun. Gleichwohl ist es lohnenswert, an entscheidenden Stellen einen Blick auf die Eigenschaften und Eigenheiten der Babyboomer zu werfen, da sie die Arbeitswelt von heute maßgeblich geprägt haben (auch wenn diese gerade im Wandel ist und sich zukünftig stark verändern wird).

In den Kapiteln 1 bis 3 möchten wir zunächst spannende Einblicke in die Lebenswelten der Generationen X, Y und Z geben und detailliertes Wissen zu den unterschiedlichen Generationen vermitteln. Wir zeigen typische Generationenkonflikte und deren Lösungen auf, um neben den Unterschieden vor allem auch die Schnittmenge und Gemeinsamkeiten zwischen den Generationen zu verdeutlichen (Kapitel 4). Im Anschluss geben wir in Kapitel 5 konkrete Lösungen, Handlungsempfehlungen und Praxistipps für eine optimale Zusammenarbeit. Folgende Fragen (und weitere) werden wir dabei klären:

Welche Generationen gibt es derzeit im Arbeitsmarkt und was zeichnet sie aus? Wir nehmen hier Bezug auf die drei Generationen X, Y und Z, die aktuell die wichtigste Rolle im Arbeitsmarkt spielen.

Mit welchen Vorurteilen begegnen wir häufig den Generationenvertreter*innen und halten diese Vorurteile der Wirklichkeit stand? Von der »hierarchiehörigen« Generation X über die

8 Hurrelmann/Albrecht: Generation Greta, S. 24.
9 Klaffke: Generationen-Management, S. 14.

»ichbezogene« Generation Y bis zur »handysüchtigen« Generation Z haben nicht zuletzt die Medien Klischees von Generationen geprägt, die nicht automatisch der Realität entsprechen.

Welche typischen Eigenschaften besitzen die Vertreter*innen der einzelnen Generationen? Hier werden wir uns unter anderem genauer ansehen, wieso die Generation X einen so hohen Leistungsanspruch an sich und andere hat und deswegen auch häufig »Generation Burn-out« genannt wird. Wir werden verstehen, weshalb sich die Generation Y oft zerrissen und widersprüchlich fühlt und handelt. Und wir wollen erkunden, warum eine Generation Z Themen wie Diversität und Inklusion als erste Generation wirklich lebt und trotz ihres Wunschs nach Selbstbestimmung und Freiheit ein so großes Bedürfnis nach Stabilität, Ordnung und Struktur hat.

Besonders wichtig ist es uns, in diesem Kontext darauf hinzuweisen, dass selbstverständlich nicht jede*r Vertreter*in einer Generation zu 100% der dargestellten Charakterisierung entspricht. Keine Generation ist homogen, innerhalb jeder gibt es Unterschiede und auch die Grenzen zwischen Generationsmerkmalen sind fließend – das schmälert jedoch nicht die Aussagekraft. Es lohnt der Versuch, das Gegenüber besser zu verstehen – im Einklang mit Verständnis für sich selbst und einer bewussten Wahrnehmung von sich und anderen. Dabei ist es entscheidend und hilfreich, auf die Unterschiede zu achten, *ohne sie zu bewerten*.[10] Die von uns genannten Eigenschaften von Generationen dienen vielmehr dazu, die Unterschiede und unterschiedlichen Prägungen und Werte der einzelnen Generationen wie unter einem Brennglas zu verdeutlichen, um die Komplexität des Sachverhaltes bewusst zu reduzieren. Trotz der Zugehörigkeit zu einer Generation sind wir selbstverständlich alle Individuen mit verschiedensten persönlichen Prägungen und Eigenschaften.

Apropos:
Was verstehen wir überhaupt unter Generationen, wenn wir im Folgenden diesen Begriff verwenden? Die Sozialwissenschaft spricht seit den 1920er Jahren von Generationen. »Damals konzipierte der Soziologe und Philosoph Karl Mannheim diesen Begriff. Seine Annahme: Menschen, die innerhalb eines bestimmten Zeitraums aufwachsen, werden in ihrer Jugendzeit von den Zuständen ihrer Gesellschaft in einer solchen Weise geprägt, dass sich auffällig viele gemeinsame Werte, Einstellungen und Verhaltensweisen ausbilden. Besonders deutlich wirke sich diese Prägung bei Menschen aus, die in Krisen- und Kriegszeiten erwachsen werden.«[11]

Da sich die Geburtsjahrgänge, mit denen die Generationen in der wissenschaftlichen Literatur definiert werden, zum Teil deutlich unterscheiden, haben wir uns für die Definition mit der größten Schnittmenge entschieden. Wir ordnen die Generationen wie folgt zu: Generation X, geboren 1966–1980; Generation Y, geboren 1981–1994; Generation Z, geboren 1995–2010.

10 Tavolato: Aktives Generationen-Management, S. 37.
11 Hurrelmann/Albrecht: Generation Greta, S. 37.

Natürlich ändern sich Werte und Einstellungen zu Leben und Arbeit nicht schlagartig an der Grenze von einer Generation zur nächsten. Generationen sind vielmehr dynamische Konstrukte, das heißt, Angehörige unterschiedlicher Generationen können sich durchaus ähnlich verhalten und ähnliche Werte besitzen. Ohnehin tauchen manche Eigenschaften in der übernächsten Generation wieder auf – nicht sehr verwunderlich, wenn man bedenkt, dass die Kinder der Generation X unsere heutige junge Generation Z sind und natürlich nicht nur von den gesellschaftlichen Ereignissen, sondern auch von den Wertvorstellungen ihrer Eltern geprägt wurden.

Durch welche gesellschaftlichen, sozialen und politischen Ereignisse wurde die jeweilige Generation beeinflusst? Die Allgegenwärtigkeit von Social Media, die Herausforderungen der »Generation Praktikum«, »Schlüsselkinder«, Kalter Krieg und Massenarbeitslosigkeit sind nur einige Schlagworte – im Hauptteil werden wir jede Generation genauer unter die Lupe nehmen.

Welche Werte sind den einzelnen Generationen besonders wichtig? Welcher Generation Ehrgeiz und Durchhaltevermögen, welcher Selbstoptimierung und Begeisterungsfähigkeit und welcher Diversität und Individualität zugeschrieben werden – und woher diese Wertorientierungen stammen – werden wir im Hauptteil konkret erläutern. Mit den Werten von Generationen eng verbunden ist auch die Frage: **Was ist die innere Motivation einer Generation – und welche Bedürfnisse und Anforderungen resultieren daraus für das Arbeitsleben?**

Zum Abschluss werfen wir einen **Blick in die Lebenswelt** der Generationen X, Y und Z: Mit jeweils zwei Visionboards eines männlichen und eines weiblichen Vertreters jeder Generation versinnbildlichen wir im wahrsten Sinne des Wortes nicht nur die Lebenswelt, sondern auch die im Vorfeld erläuterten Eigenschaften, Wünsche und Bedürfnisse der Generationenvertreter*innen.

Doch so groß die Unterschiede zwischen den Generationen scheinen mögen – und manchmal vielleicht auch sind: Uns ist es besonders wichtig, den Fokus auf die *verbindenden* Elemente zwischen den Generationen zu legen. Der Schnittmenge und den Gemeinsamkeiten widmen wir deshalb ebenfalls ein eigenes Kapitel (4).

Auf diesen Grundlagen aufbauend betrachten wir in Kapitel 5 typische Konfliktfelder zwischen den Generationen sowie intergenerative Herausforderungen. Abgerundet wird dieser Part durch konkrete Lösungen und Handlungsempfehlungen für eine optimale, generationenübergreifende Zusammenarbeit. Wir geben Ihnen zudem zwei wirksame Methoden an die Hand und erklären mittels eines typischen Fallbeispiels im Detail, wie Sie Generationenkonflikte konstruktiv ansprechen, deeskalieren und lösen können.

Mit einem Fazit und Zukunftsausblick schließen wir ab. Um die eingangs gestellte Frage wieder aufzugreifen:

Warum gerade JETZT dieses Buch?

Weil besonders die vergangenen drei Jahre deutlich gezeigt haben, wo genau die Missverhältnisse liegen und wie unterschiedlich schnell und offen sich die Generationen auf stetig veränderte Rahmenbedingungen (Homeoffice, Remote Work, Digitalisierung, Ängste, Kontrollverlust etc.) einstellen können. Die Pandemie war und ist ein Katalysator für fundamentale Veränderungen – gleichzeitig birgt sie auch die enorme Chance auf eine positive Um- und Neugestaltung. Seit einigen Jahren verändert sich unsere Welt so rasant wie nie zuvor (Digitalisierung, VUCA etc.). Die Coronakrise hat diesen Wandel noch um ein Vielfaches potenziert. Alle Teams, alle Unternehmen, alle Branchen mussten ad hoc Veränderungen umsetzen. Dieses Tempo hat viele an ihre Grenzen gebracht und wird sie auch zukünftig weiter fordern, teilweise überfordern.

Für das Definieren der neuen Arbeitsrealität ist eine externe Begleitung sinnvoll und hilfreich, weil die Diskussion – solange sie nur unter den handelnden Personen stattfindet – zu stark emotional aufgeladen ist und dadurch in einen Leerlauf geraten kann. Wichtig ist, dass wir JETZT handeln. JETZT sind Rollenbilder in der Schwebe, können neu definiert werden. JETZT können wir die Weichen stellen für einen positiven Wandel. JETZT können wir gemeinsam in eine für alle erfolgreiche Zukunft aufbrechen.

Unser Buch richtet sich an Manager*innen und Mitarbeiter*innen, die die Zusammenarbeit ihrer Teams generationenübergreifend optimieren möchten. Es richtet sich an CEOs, Vorstände und Firmeninhaber*innen, die nicht nur den Profit ihres Unternehmens, sondern auch die Zufriedenheit ihrer Mitarbeitenden maximieren möchten. Und es richtet sich vor allem an *alle* Generationen – denn: Zusammen sind wir MEHR!

Welche Generationen gibt es im Arbeitsmarkt und was zeichnet sie aus?

Wenn wir im Folgenden von Generationen sprechen, verstehen wir Generationen als eine Gruppe von Menschen, welche als Altersgruppe in ihrer Gesellschaft sowie aufgrund der gemeinsamen Prägungen durch spezifische, historische und kulturelle Erlebnisse eine Ähnlichkeit aufweist. Wir orientieren uns an der Definition des Soziologen Karl Mannheim, welcher die Idee der prägenden »Generationenerlebnisse« im Rahmen seiner Wissenssoziologie 1928 erstmalig vorlegte. Mannheims Theorie gilt bis heute die als Standardwerk der Generationenforschung und bildet eine sinnvolle Grundlage für einen wissenschaftlichen wie arbeitsgesellschaftlichen Generationendiskurs.[12]

Werfen wir zunächst also einen Blick auf die größten Herausforderungen, die die unterschiedlichen Generationen für die Unternehmen, in denen sie aufeinanderprallen, bedeuten und lernen ihre abweichenden Ansprüche an Arbeit und Arbeitgebende durch anonymisierte Zitate realer Generationenvertreter*innen kennen:

12 Mannheim: Wissenssoziologie, S. 506–565.

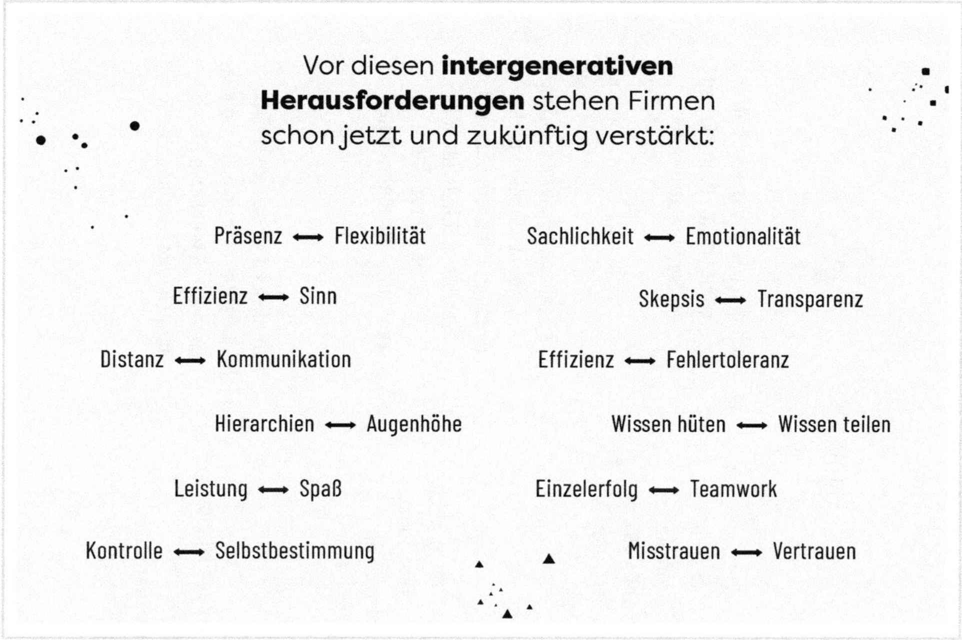

Abb. 1: Intergenerative Herausforderungen

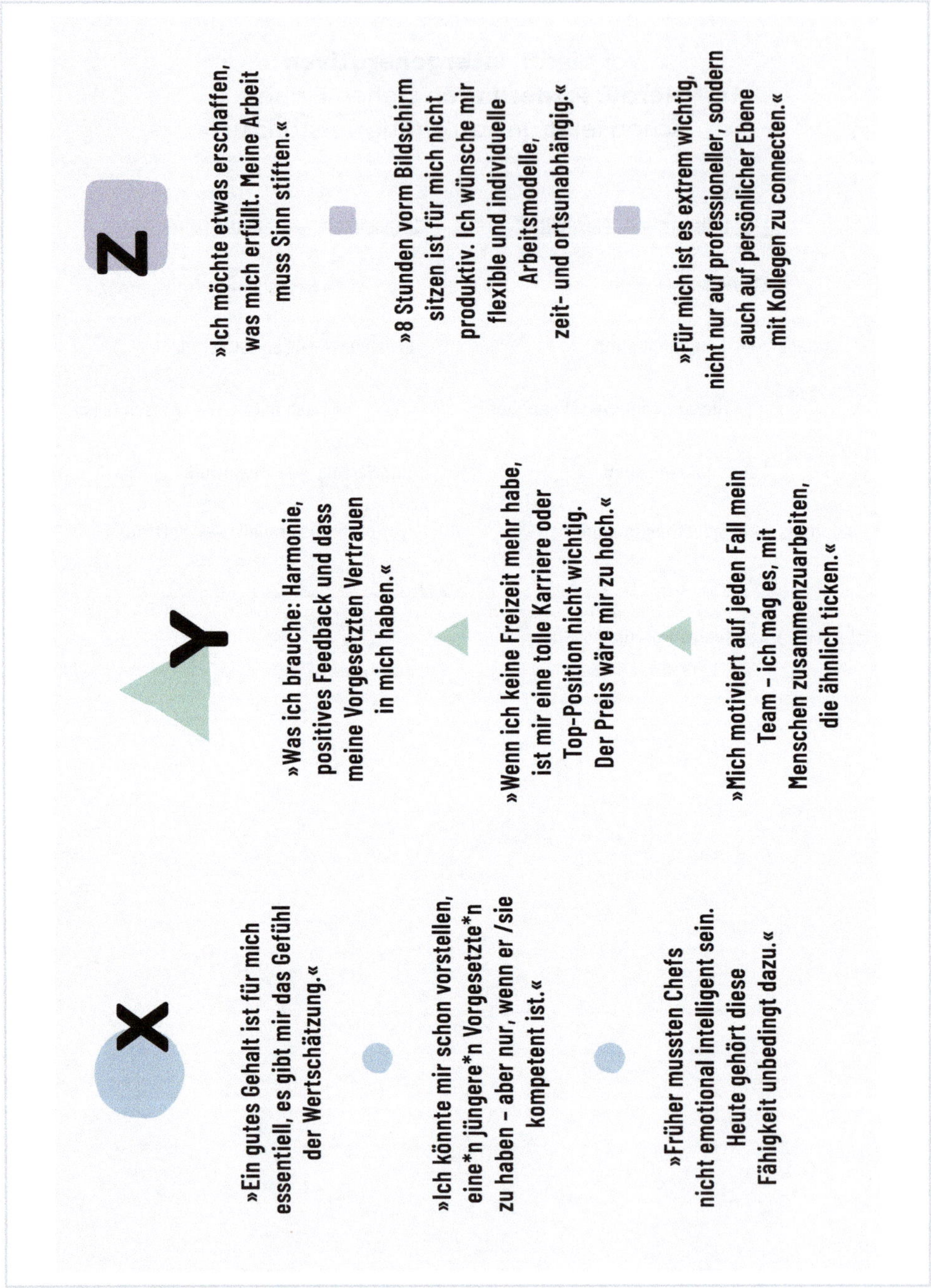

Abb. 2: Zitate von Stellvertreter*innen der Generationen X, Y, Z

1 Generation X

Wir betrachten die Generationen X, Y und Z in alphabetischer Reihenfolge und starten dementsprechend mit der Generation X. Die folgenden Grafiken fassen die Eckdaten dieser Generation übersichtlich zusammen und zeigen auf einen Blick, welche Faktoren aus dem Lebenskosmos jeder Generation wir im Anschluss genau unter die Lupe nehmen werden.

Abb. 3: Generation X: Übersicht (Foto: Unsplash, Canva)

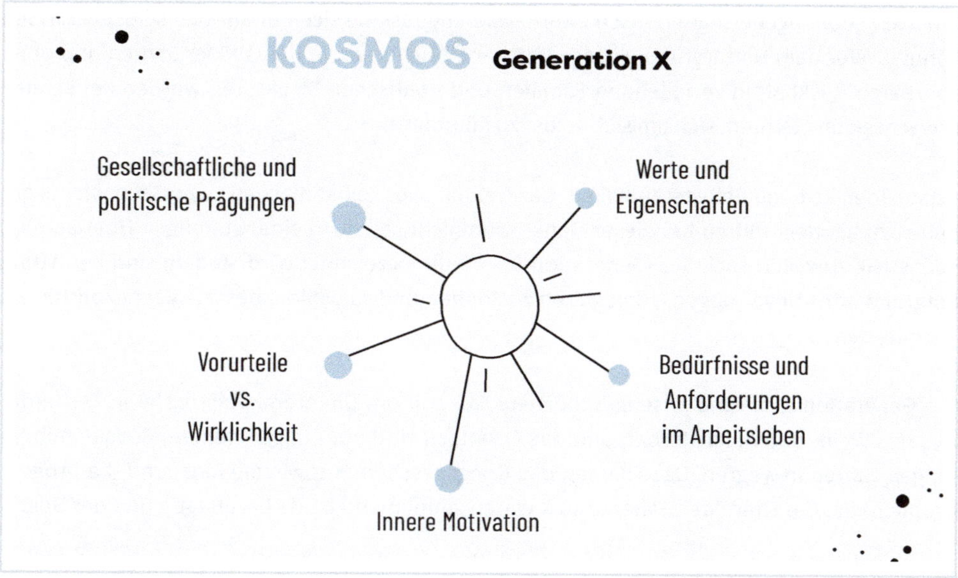

Abb. 4: Generation X: Kosmos

1.1 Gesellschaftliche und politische Prägungen

Der Begriff »Generation X« geht auf den gleichnamigen, sozialkritischen Episodenroman (1991) des kanadischen Schriftstellers Douglas Coupland zurück. Seine These: Die Generation X ist die erste Generation, die sich mit weniger Wohlstand und Sicherheit begnügen muss als die Elterngenerationen, obwohl sie keine Kriegsgeneration ist. Coupland kritisiert in seinem Schlüsselroman die Wohlstandsgesellschaft der Vorgängergenerationen, für deren ökonomische und ökologische Sünden jetzt die Generation X büßen muss. Sie umfasst alle zwischen 1966 und 1980 Geborenen.

Der Mauerfall, die Tschernobyl-Katastrophe und der Kalte Krieg gehören wohl zu den prägendsten Ereignissen dieser Generation. Während ihre Vorgängergeneration, die Babyboomer, nach dem Krieg in eine Zeit des Wiederaufbaus, des Fortschritts und des Wirtschaftswunders geboren wurde und eine Kindheit mit Aufbruch und Wachstumsstimmung erlebte, wurde die Generation X in eine Welt großer wirtschaftlicher, politischer und gesellschaftlicher Unsicherheit geboren. Steigende Arbeitslosigkeit, die Weltwirtschafts- und Ölkrise, das Wettrüsten zwischen West und Ost und der Terrorismus (RAF, IRA) erschütterten das Vertrauen dieser Generation in Politik und Institutionen, der Glaube an Sicherheit ging verloren. Diese Grundskepsis und das mangelnde Vertrauen der Generation X (außer in sich selbst) werden uns im Folgenden immer wieder begegnen und sind wichtige Eckpfeiler im Generationenkontext.

Hohe Scheidungsraten, eine große Verunsicherung (durch weltweite Krisen) und großer Druck (aufgrund hoher Arbeitslosigkeit und Konkurrenz am Arbeitsmarkt) prägen das Lebensgefühl dieser Generation, die weiß, dass sie den Wohlstand der Eltern nie erreichen wird. Das Resultat: Orientierungslosigkeit, Resignation, Pessimismus und Skepsis. Angehörige der Generation X mussten gezwungenermaßen rasch internalisieren, dass sie sich nur auf sich selbst verlassen können. »Vor dem Hintergrund wirtschaftlicher Unsicherheit in den 1980er Jahren und ohne spürbaren Rückhalt in zerfallenden Familien und politischen Strukturen wurden Xer schnell erwachsen und lernten, sich um sich selbst zu kümmern.«[13]

Unabhängigkeit und Selbstständigkeit, das Gefühl, alles selbst machen zu müssen, nichts abgeben zu können, führen bei dieser Generation nicht selten zu einer ständigen Überlastung, sodass sie zuweilen auch als »Generation Burn-out« bezeichnet wird. Zudem sind Xer häufig aufgrund ihres Unvermögens, delegieren zu können und zu wollen, bessere Fachexperten als Teamleader.

Die Generation X ist eine krisengeschüttelte Generation. Die Atomkatastrophe in Tschernobyl, das Wald- und Artensterben und das Ozonloch sind nur einige Themen, die sie in ihren jungen Jahren bewegten. Dazu kamen das Kriegsgeschehen sowie die Aids- und die Drogenproblematik. Die Eltern der Generation X waren zunehmend beide berufstätig und der Begriff

13 Mangelsdorf: Von Babyboomer bis Generation Z, S. 129.

der »Schlüsselkinder« wurde geboren. Dadurch war für einen Teil der Kinder das Leben von Trennungen bestimmt (Scheidungen, Abwesenheit durch Berufstätigkeit). Die Mädchen dieser Generation waren allerdings auch die erste Generation, die die Gleichberechtigung zwischen den Geschlechtern als selbstverständlich annahm und sich die verbesserten Bildungschancen zunutze machte.[14]

1.2 Werte und Eigenschaften

Nachdem wir in der Einleitung bereits die Definition von »Generation« thematisiert haben, wollen wir nun den Wertebegriff näher betrachten. »In der historisch-gesellschaftlichen Perspektive können Generationen nicht zuletzt durch eine gemeinsame Werteklammer charakterisiert werden. Generell dokumentiert sich in Werten, was ein Individuum, eine Gruppe, eine Gesellschaft oder eben eine Generation als wünschenswert ansieht. Werte sind damit Auffassungen über die Qualität der Wirklichkeit und beeinflussen die Auswahl von Handlungsalternativen. Werte unterscheiden sich von Einstellungen insofern, als Werte stabiler sind.«[15] Dies ist besonders wichtig im Hinblick darauf, dass Konflikte zwischen Generationen und Spannungen am Arbeitsplatz getrieben werden durch die Tatsache, dass die Menschen die Welt nicht sehen, wie sie objektiv ist, sondern sie vor dem jeweils individuellen Hintergrund wahrnehmen.[16]

Die Generation X verfügt über ein stabiles Wertesystem, das inhaltlich auf den Grundwerten der deutschen Demokratie basiert: Menschenwürde, Freiheit und Frieden sind für diese Generation absolut prioritär. Zu ihren besonders wichtigen Werten zählen außerdem Gesundheit, Gerechtigkeit, Liebe/Freundschaft und Familie. In beruflicher Hinsicht sehen die Xer die Arbeit als zentralen Lebensinhalt an, der ihnen wichtiger ist als Freizeit. Sie zeigen (übrigens im Gegensatz zur Generation Y, s. Kapitel 2) ein ausgesprochen hohes Interesse an einer klaren Trennung zwischen Arbeit und Privatleben.[17]

Die Generation X ist eine sehr ehrgeizige Generation, Karriere und Erfolg sind ihr enorm wichtig. Ihr Lebensmotto könnte deshalb auch lauten: »Ich arbeite, also bin ich.« Diese Generation treibt sich wie keine andere selbst hart an, manchmal bis zur Erschöpfung und sogar bis zum Burnout. Schwäche ist für Xer keine Option, man gibt nicht auf, man beweist Durchhaltevermögen und hängt sich rein (»Lean in«). Abgerundet wird diese Haltung durch einen ausgeprägten Pragmatismus: Man jammert nicht, man nimmt die Dinge an, wie sie sind, und versucht, logisch und schnell (statt zu emotional) eine Lösung zu finden. Sicherheit, finanzielle Unabhängigkeit und Arbeitsplatzsicherheit nehmen für diese Generation einen hohen Stellenwert ein. Zu erklären ist diese Haltung durch die beschriebenen sozialpolitischen Umstände (s. Kapitel 1.1).

14 Klaffke: Generationen-Management, S. 46.
15 Klaffke: Generationen-Management, S. 9.
16 Klaffke: Generationen-Management, S. 16.
17 Klaffke: Generationen-Management, S. 48/49.

Der Wunsch nach Unabhängigkeit und Selbstständigkeit ist deshalb die logische Konsequenz einer typischen Generation-X-Kindheit. Durch die sozialpolitischen Umstände werden Versprechungen von Wirtschaft, Politik oder Unternehmen in der Regel zweifelnd und extrem kritisch wahrgenommen. Skepsis ist deshalb, wie eingangs konstatiert, die wohl wichtigste Eigenschaft, die man dieser Generation zuschreiben kann.

Lange Arbeitstage nahm die Generation X viele Jahre zugunsten wichtig klingender Jobtitel, eines hohen Gehaltes und Luxus- und Statussymbolen (Autos, Schmuck, Reisen etc.) genauso in Kauf wie die Tatsache, dass für Freizeit und Familie kaum Zeit blieb. Nur langsam ändert sich das Weltbild der Xer. Die Haltung ihrer Vorgängergeneration (Babyboomer) wird als zu angepasst, zu harmoniebedürftig, heuchlerisch und doppelmoralisch abgelehnt. Offener Protest wird immer häufiger akzeptabel, Autoritäten werden zunehmend infrage gestellt und Respekt muss sich erst verdient werden. Dies gilt für Personen genauso wie für Institutionen und Unternehmen.[18]

Zusammengefasst sind Xer häufig: skeptisch, kontrollierend, pragmatisch, analytisch, sachlich, eigenständig, direkt und pflichtergeben.

Werte dieser Generation sind: Autonomie, Erfolg, Effizienz, Gegenleistung, Individualismus, Kompetenz, Produktivität, Professionalität und Ziel- und Lösungsorientierung.[19]

1.3 Vorurteile vs. Wirklichkeit

Wenn wir uns mit dem Thema Generationen beschäftigen, werden wir auch immer wieder mit Vorurteilen konfrontiert. Dies ist nicht verwunderlich, da wir den Generationen unterschiedliche Merkmale, Einstellungen und Verhaltensweisen zuschreiben. Diese oft plakativen Darstellungen von Generationen werden leider häufig für Stereotypisierungen genutzt.[20] Der Generationenansatz impliziert sicher eine bewusste Kategorisierung und hilft damit auch, Komplexität zu reduzieren. Er kann aber nie die alleinige Erklärung für unterschiedliches Denken und Auftreten von Menschen sein. Geschlecht, geografische Herkunft, sozioökonomischer Hintergrund oder Familienstrukturen sind mindestens genauso wichtig wie die Generationenzugehörigkeit.[21]

Deshalb möchten wir noch einmal betonen, dass die Beschreibung der Eigenschaften der unterschiedlichen Generationen nicht eins zu eins für *alle* Angehörigen einer Generation gilt und die Trennlinie auch nicht klar mit einem bestimmten Jahr zwischen den Generationen zu ziehen ist. Nachdem wir in den Kapiteln 1.1 und 1.2 die gesellschaftlichen und politischen Prägungen

18 Mangelsdorf: Von Baby-Boomer bis Generation Z, S. 16/17.
19 Mangelsdorf: Von Baby-Boomer bis Generation Z, S. 22.
20 Jobst-Jürgens: New Work, S. 16.
21 Klaffke: Generationen-Management, S. 10.

und die typischen Eigenschaften der Generation X betrachtet haben, wollen wir uns nun also drei typische Vorurteile anschauen, die dieser Generation oft entgegengebracht werden – und sie mit der Wirklichkeit konfrontieren:

Vorurteil 1: »Ihr haltet an alten Hierarchien und an eurer Macht fest.«

Die Wirklichkeit: Hierarchien sind für die Generation X eine vertraute Institution und eine Tatsache, die – leichter als von den jüngeren Generationen – akzeptiert wird. Dies betrifft übrigens auch Themen wie die 40-Stunden-Woche, eine feste Gehaltsverteilung oder die Anzahl der Urlaubstage. Diese Generation wurde groß in dem Gedanken, dass Regeln dazu aufgestellt werden, um sich an diese zu halten. Später werden wir allerdings noch sehen, dass die Generation X es auch als erste Generation gewagt hat, Regeln und Hierarchien infrage zu stellen. Außerdem wurde der erreichte Status von den Angehörigen der Generation X hart erarbeitet. Hohe Positionen geben ihnen Sicherheit – das möchte diese Generation nicht leichtfertig aufgeben.

Vorurteil 2: »Ihr nehmt die Jungen nicht ernst und wollt alles selbst machen.«

Die Wirklichkeit: Die X-Generation ist es von klein auf gewohnt, hart für ihren Erfolg zu arbeiten. Nicht selten geht sie dabei auch über ihre Grenzen und landet in der Burn-out-Falle. Durch ihre zutiefst verwurzelte Skepsis (s. Kapitel 1.1 und 1.2) sind die Mitglieder der Generation X oft davon überzeugt, dass sie alles selbst machen müssen, alles besser machen können, sich nur auf sich selbst verlassen können. Sie sind deshalb oft bessere Spezialist*innen als Führungskräfte, da sie nicht selten ihre gesamte Arbeitszeit auf die Erledigungen des operativen Geschäftes legen und dabei leider oft die Förderung und Forderung ihrer Mitarbeiter*innen vernachlässigen. Ja, sie sind eher Einzelkämpfer*innen als Teamplayer. Konkurrenz beflügelt sie vielmehr, als dass sie durch sie ausgebremst würden. Aber: Die Bereitschaft zum Dialog und zum Lernen ist bei dieser Generation absolut vorhanden – sie wird nur nicht immer proaktiv signalisiert.

Vorurteil 3: »Ihr wollt gar nichts verändern, euer Profit ist euch am wichtigsten.«

Die Wirklichkeit: Der Hintergrund liegt auch hier wieder in den gesellschaftlichen und politischen Prägungen und Rahmenbedingungen (s. Kapitel 1.1). Aufgrund der vielen Krisen (Ost-West-Konflikt, Massenarbeitslosigkeit, hohe Scheidungsrate etc.), die diese Generation vor allem in ihren jungen, prägenden Jahren durchleben musste, entstand bei ihr ein tiefes Gefühl von Unsicherheit und Skepsis. Sie glaubt wie keine andere so wenig an Institutionen und an die Dauerhaftigkeit dessen, was man hat. Die Erhaltung des Status quo und der bestehenden Hierarchien sowie der Fokus auf die eigene Existenzsicherung gibt ihr deshalb in ihrer Unsicherheit und Skepsis Halt. Ja, Profit ist dieser Generation wichtig, gleichzeitig aber nicht allumfassend. Mitglieder der Generation X belohnen sich durchaus gerne mit Statussymbolen wie teuren Autos, Schmuck oder Urlauben für ihre harte Arbeit und ihren beruflichen Erfolg. Mit ausschließlich monetären Anreizen kann man diese Generation jedoch nicht an einen Arbeitgeber binden. Die Vereinbarkeit von Beruf und Familie ist einem Großteil der Xer mindestens genauso wichtig, wie wir im folgenden Kapitel sehen werden.

1.4 Bedürfnisse und Anforderungen im Arbeitsleben

Am Arbeitsmarkt sieht sich die Generation X einer größeren Konkurrenzsituation gegenüber als die Vorgängergeneration der Babyboomer. Die Xer haben eine gute Ausbildung und im Berufsleben eine gute Weiterbildung genossen. Neuen Themen, neuer Technik und Neuen Medien gegenüber sind sie aufgeschlossen. Die Mitglieder der Generation X sind selbstbewusst, arbeiten gerne selbstständig, haben ein hohes Vertrauen in ihre eigene Leistungsfähigkeit und einen starken Leistungswillen. Ihre Loyalität gilt eher Personen als Institutionen. Die Generation X besitzt einen hohen Wissensschatz, der allgemeines Wissen, Expertenwissen und berufliches Know-how umfasst. Ferner zeichnen diese Generation eine gute Selbsteinschätzung, analytische Fähigkeiten, Verständnis, Ausdrucksfähigkeit und Gelassenheit aus. Dies ermöglicht ihnen einen souveränen Umgang auch mit komplexen und schwierigen Situationen.[22]

Die Generation X besitzt einen strukturierten Arbeitsstil und arbeitet ergebnisorientiert mit klarem Fokus auf das Ziel, die Lösung und den Erfolg. Produktivität ist das A und O für sie, Unternehmensziele sind dabei wichtiger als persönliche Ziele.[23]

Xer haben eine sachliche, wenig emotionale Herangehensweise und den Anspruch an sich, sich immer wieder selbst beweisen zu müssen (»Lehrjahre sind keine Herrenjahre«). Die Mitglieder der Generation X sind echte »Macher«, bieten lieber Hilfe an, als solche anzunehmen, und treiben sich selbst immer wieder zu Höchstleistungen an. Diese Tatsache bringt sie im Laufe ihrer Karriere oftmals und schnell in Führungspositionen – die sie in der Regel aufgrund fachlicher Kompetenzen, ihrer Erfahrung und inhaltlichen Qualifikation und nicht aufgrund ihrer Führungspersönlichkeit erlangen. Der Tatsache geschuldet, dass die Generation X meist zu wenig delegiert (weil Xer weniger Vertrauen in ihre Teammitglieder haben als in sich selbst) und zu viele Aufgaben des operativen Geschäftes an sich reißt, bleibt ihr oft zu wenig Zeit zum eigentlichen Führen.

Lange Jahre geprägt durch hierarchische Strukturen in Unternehmen (Führen und Denken von oben nach unten, keine Fehlertoleranz, Druck muss ausgehalten werden), war die Generation X aber auch die erste Generation, die bestehende Strukturen und Hierarchien infrage stellte, neu gestaltete und sich gegen zu viel Kontrolle wehrte, obwohl sie selbst gerne die Kontrolle über Situationen, Kolleg*innen und Mitarbeiter*innen behält. Eine wirkliche Feedback- und Wertschätzungskultur haben die Angehörigen der Generation X selbst nicht erfahren und tun sich deshalb häufig schwer, diese ihren Teammitgliedern zukommen zu lassen. Jüngere Gene-

22 Klaffke: Generationen-Management, S. 49.
23 Mangelsdorf: Von Baby-Boomer bis Generation Z, S. 22.

rationen vermissen bei Xer-Vorgesetzten oft regelmäßiges Feedback, während die Generation X wiederum umgekehrt kein Feedback als positive Rückmeldung interpretiert. In den letzten Jahren übernimmt und schätzt aber auch die Generation X Stück für Stück diese neu erlernte Wertschätzungskultur.

Nach einer beruflichen Startphase unter relativ schwierigen Bedingungen (hohe Arbeitslosigkeit, schlechte konjunkturelle Situation, s. auch Kapitel 1.1) befindet sich die Generation X heute meist in hohen Positionen und zieht Bilanz zum bisher Geschafften, auch wenn bis zur Rente noch einige Jahre fehlen. Sie hat bereits viel erreicht, aber immer noch Ziele, und weiß und spürt, dass die Zeit, diese zu erreichen, begrenzt ist. Der Leistungsorientierung dieser Generation steht die Tatsache entgegen, dass die geburtenstarken Babyboomer noch viele der Führungspositionen besetzen, die die Generation X eigentlich für sich beansprucht. Das wiederum führt zu einer Blockierung der Karrierepfade und zur Sorge der Generation X, übergangen zu werden. Dies wird verstärkt durch die Tatsache, dass die Generation X in einem starken Konkurrenzverhältnis zur selbstbewussten, wenig hierarchiegläubigen und medienkompetenten Generation Y steht.[24] Die pragmatische Generation X ist eher bereit als noch ihre Vorgängergenerationen, an einen Arbeitsplatz zu wechseln, an dem das »Preis-Leistungs-Verhältnis« besser passt. Zur Gewinnung, Motivation und Bindung der Generation X ist es deshalb wichtig, sie in ihrer aktuellen Lebenssituation zu unterstützen und gleichzeitig längerfristige Perspektiven zu bieten. Angesichts der Bedeutung von Familie sind viele Xer (Mütter wie Väter) bereit, für die Familie auf Karriereschritte zu verzichten. Ermöglicht ein Unternehmen eine gute Vereinbarkeit von Beruf und Privatleben, werden die leistungsbereiten Xer zumindest mittel- und langfristig bereit sein, ihre Arbeitszeiten im Gegenzug auch wieder auszuweiten beziehungsweise eine Mehrleistung für Karriere und Unternehmen zu erbringen.[25] Denn man darf nicht unterschätzen, dass Zeit für die Generation X ein knappes Gut ist: Sie jonglieren mit Karriere, Partnerschaft, Haushalt, Kindern, der Pflege Angehöriger und Freizeit. Um diese Mehrfachbelastung zu meistern, arbeitet auch kaum eine Generation so effizient und produktiv wie sie. Kein Wunder, dass Angebote für eine bessere Vereinbarkeit von Beruf und Privatleben bei dieser Generation besonders gut ankommen. Denn sie legt zwar großen Wert auf die Trennung von Berufs- und Privatleben, hat aber ständig ein schlechtes Gewissen, dass eine der beiden Seiten zu kurz kommt.

Zum Wunsch nach Effizienz und Produktivität passt es, dass diese Generation auch »E-Mail-Generation« genannt wird. Hier kann man mehrere Empfänger*innen gleichzeitig erreichen, Zeitzonen spielen keine Rolle, Nachrichten können zu jeder Tages- und Nachtzeit gelesen und bearbeitet werden. Da Xer ohnehin gerne sachlich, auf den Punkt und ohne viel Ausschmückung kommunizieren, passt diese eher unpersönliche Form der Kommunikation zu ihnen – irritiert aber durchaus die jüngeren Generationen, die lieber zwischenmenschlicher und informeller kommunizieren. Insgesamt ist der Kommunikationsstil der Generation X direkt. Ihre

24 Klaffke: Generationen-Management, S. 50.
25 Klaffke: Generationen-Management, S. 51.

Mitglieder kommen schnell zur Sache und sparen sich gerne langes Vorgeplänkel – das es aber gelegentlich braucht, um eine Beziehung zum Gegenüber aufzubauen. Deshalb empfindet manche*r Gesprächspartner*in die Kommunikation mit Xern als zu minimalistisch und wenig empathisch, gerade wenn er oder sie aus einer jüngeren Generation kommt. Gleichwohl schätzen viele, dass sie jederzeit genau wissen, woran sie bei Xern sind.[26]

Durch ihre hohe Leistungsbereitschaft müssten Xer oftmals vor sich selbst geschützt werden. Ihr Karrierestreben in Kombination mit einer beruflichen Verunsicherung plus familiären Pflichten kann leicht zu Überlastung und negativen gesundheitlichen Folgen bis zum Burn-out führen.[27]

Die Generation X arbeitet gerne eigenverantwortlich und ist technologisch qualifiziert. Sie hat nicht mehr die starke emotionale Bindung an den Arbeitgeber wie ihre Vorgängergenerationen, ebenso wie die Generation Y (vgl. Kapitel 2). Vielmehr sind die Gestaltung der eigenen Karriere (Generation X) und Lernerfahrungen und das Teilen von Wissen (Generation Y) wichtiger. Beide Generationen legen Wert auf einen kontinuierlichen Wissens- und Fähigkeitenausbau. In der Personalführung sollten diese Tatsachen berücksichtigt werden, um Mitarbeitende langfristig an ein Unternehmen zu binden und zu Höchstleistungen zu motivieren.[28]

1.5 Innere Motivation

Die innere Haltung der Generation X ließe sich mit der Formel »Ich erledige das lieber selbst« treffend beschreiben. Da sich Xer ohnehin ständig selbst stark antreiben und zu Höchstleistungen motivieren, sich keine Schwäche erlauben und die Dinge lieber selbst in die Hand nehmen, als zu delegieren (vgl. Kapitel 1.1 bis 1.3), stellt sich bei dieser Generation weniger die Frage, wie sie zu motivieren ist, sondern vielmehr die Frage: Was bringt sie von ihrer ursprünglich sehr stark ausgeprägten intrinsischen Motivation ab?

Xer brauchen Freiheit und Selbstbestimmung, um produktiv arbeiten zu können. Arbeitsgruppen, Kontrolle und Coaching empfinden sie eher als lästig. Sie arbeiten bevorzugt selbstständig und wollen für ihre Leistung lieber individuell gelobt und belohnt werden als im Team. Angehörige der X-Generation lieben Unabhängigkeit und Selbstbestimmung: Wenn sie Hilfe brauchen, werden sie danach fragen. Innerhalb der abgesteckten Ziele und Rahmenbedingungen möchten sie sich frei bewegen können, erfüllen dann aber zielstrebig ihre Vorgaben, denn sie definieren sich über ihre Leistung (für die sie von klein auf gelobt wurden) und über ihre Kompetenz. Im Gegenzug dafür erwarten sie, dass sie für ihren Einsatz und Erfolg belohnt und honoriert werden. Kritisch und demotivierend wird es für Xer, wenn sie sich zu stark kontrol-

26 Mangelsdorf: Von Baby-Boomer bis Generation Z, S. 57/58.
27 Klaffke: Generationen-Management, S. 52.
28 Klaffke: Generationen-Management, S. 165, 168.

liert und bevormundet fühlen. Motivierend wirkt hingegen der Umstand, wenn sie ihre Meinung offen kundtun können, ohne dafür negative Sanktionen befürchten zu müssen. Denn Xer sagen gerne, was sie denken. Im Zusammenspiel der Generationen ist zu beachten, dass nicht jede skeptische Bemerkung eines Xers als Kritik zu verstehen ist. In generationsübergreifenden Teams können ihre Bedenken auf Risiken hindeuten, die von eher zurückhaltenden Babyboomern nicht geäußert werden oder von unerfahreneren Zugehörigen der Generationen Y und Z nicht erkannt werden. In den vorhergehenden Kapiteln haben wir bereits gesehen, dass Mitglieder anderer Generationen den Kommunikationsstil der Generation X als zu sachlich, zurückhaltend, distanziert und teilweise sogar als unempathisch empfinden können. Xer erwarten aber geradezu eine professionelle Distanz – auch und gerade von ihren Vorgesetzten, welche sie übrigens dann respektieren und als motivierend empfinden, wenn diese besonders kompetent sind (eine Parallele zur Generation Z, was angesichts der Tatsache, dass die Generation Z die Kinder der Generation X sind, und so von deren Werten mit beeinflusst wurden, vollkommen logisch ist). Zu persönliche Kontakte sind Xern im Job unangenehm und hemmen sie eher in ihrer Motivation, als diese zu fördern.

Wer Xer motivieren – oder zumindest nicht ausbremsen – möchte, der sollte daher

- ihr Bedürfnis nach Autonomie und Selbstbestimmung respektieren,
- Einmischung und Kontrolle möglichst gering halten,
- ihnen klar kommunizieren, was von ihnen erwartet wird, damit sie ihre Ziele geradlinig verfolgen können,
- sie für ihre Leistungen und Kompetenz individuell belohnen,
- ihnen die Freiheit geben, ihre Meinung äußern zu können (ohne Sanktionen zu befürchten),
- ihre professionelle Distanz respektieren,
- ihnen eine selbstbestimmte Karriereplanung mit realistischen Meilensteinen und kleinen Etappenzielen ermöglichen.[29]

Müsste man einen Satz herausgreifen, der die Mitglieder dieser Generation besonders motiviert, wäre dies folgender: »Arbeiten Sie so, dass es für Sie passt. Sie haben mein Vertrauen.«[30] Hier spiegelt sich deutlich das Bedürfnis der Generation X nach Vertrauen in die eigenen Fähigkeiten und selbstbestimmtem Arbeiten wider.

Für Xer ist neben dem hierarchischen Aufstieg Belohnung vor allem monetärer Natur wichtig, so haben sie es kennen- und schätzen gelernt. Denn die Generation X – die sich durch Wettbewerb eher beflügelt als ausgebremst fühlt – findet: Wer sich besonders anstrengt, sollte dafür besonders be- und entlohnt werden. Die Zusage der Arbeitsplatzsicherheit wirkt hingegen nicht als großer Motivationsfaktor. Zu groß ist die Skepsis und das Misstrauen dieser Generation, Personen und Unternehmen könnten versagen oder sogar (ent-)täuschen.

29 Mangelsdorf: Von Baby-Boomer bis Generation Z, S. 78/79, 116.
30 Tavolato: Aktives Generationen-Management, S. 39.

Auch positives Feedback ist ihnen als Motivationsfaktor fremd. Zu viel Zuwendung und Feedback wirkt für sie schnell unecht oder sogar kontrollierend. Sparsam eingesetzt kann Lob bei dieser Generation wirkungsvoller sein.[31] Für jüngere Generationen Y und Z – für die Feedback sehr wichtig ist – ist die Kenntnis dieses Hintergrundes ausgesprochen wichtig, weil sie erklärt, warum X-Zugehörige auch selbst Feedback und Anerkennung eher sparsam zum Ausdruck bringen.

Was Mitglieder dieser Generation demotiviert, sind Menschen und Kolleg*innen, die ihren Job nicht zu schätzen wissen, sich wegen jeder Kleinigkeit beschweren oder keinen Leistungsanspruch an sich und andere haben. Unpünktlichkeit, Unverbindlichkeit, Illoyalität, Planlosigkeit, mangelndes Durchhaltevermögen und Respektlosigkeit sind ebenfalls Eigenschaften, die Xer am Arbeitsplatz auf Dauer in ihrer Motivation einschränken.

Was sie dagegen beflügelt, sind Erfolg und Karriere, Anerkennung von außen, Eigenverantwortung und Selbstbestimmung, pragmatische und schnelle Lösungen, Verbindlichkeit und Konsequenz, klare Strukturen und Rahmenbedingungen, Beförderung und angemessene Bezahlung, Herausforderungen, Verantwortung, Menschen, auf die man sich verlassen kann, und ein Team, das etwas leisten und erreichen möchte.

Diese fünf Aussagen von Mitgliedern der Generation X fassen ihre Motivation als Abschluss dieses Kapitels gut zusammen:

»Man kann froh sein, einen Job zu haben.«
- Akzeptanz von Dingen, die nicht ideal sind. Nicht an allem herummäkeln.

»Meinen Erfolg habe ich mir hart erarbeitet, deswegen zeige ich ihn auch!«
- Statussymbole wie Haus, Auto, Urlaube, Designerstücke etc. als Belohnung für harte Arbeit.

»Ich verlasse mich nicht auf andere, sondern packe lieber selbst an.«
- Wunsch nach Autonomie plus Skepsis und mangelndes Vertrauen in andere. »Macher« sein.

»Geht nicht gibt's nicht.«
- Für alles eine Lösung finden (wollen), zielorientiert sein, sich immer wieder selbst hart antreiben.

»Kein Weg ist zu schwer, ich darf mich nicht so anstellen!«
- Hart mit sich ins Gericht gehen, sich selbst zu Höchstleistung antreiben, sein*e eigene*r größte*r Kritiker*in sein.

31 Mangelsdorf: Von Baby-Boomer bis Generation Z, S. 131.

1.6 Ein Blick in die Lebenswelt

Die in den folgenden Kapiteln zu Generation X, Y und Z beschriebenen Personas (Kapitel 1.6, 2.6 und 3.6) sind fiktive Personen, die sich aber an Beispielen aus der jeweiligen Generation orientieren. Diese Charakterisierungen sollen nicht dazu dienen, Stereotype zu verfestigen, sondern auch in diesem Kontext dazu dienen, Komplexität zu reduzieren und bestimmte, in einer Generation vorherrschende Werte, Haltungen und Lebenswirklichkeiten beispielhaft zu illustrieren.

Abb. 5: Generation X: Visionboard Susanne (Fotos: Instagram/Schokoladenjahre, Pexels, Unsplash)

Susanne, 46: »Für Träume habe ich keine Zeit!«

- ist in Göttingen aufgewachsen
- lebt dort heute mit ihrem Mann Michael, Sohn Niklas, Tochter Ariane und ihrem braunen Labrador Rufus in einem freistehenden Haus mit großem Garten und Solarmodulen auf dem Dach
- ihre Familie ist der Mittelpunkt ihres Lebens
- für die Erziehung ihrer Kinder fühlt sie sich hauptsächlich verantwortlich, ihr Mann ist aufgrund seines Berufes häufig nicht präsent
- legt Wert auf hochwertige, nachhaltige Möbel, sammelt Antiquitäten
- liest gerne, geht gerne ins Kino, sieht wenig fern
- arbeitet als Lehrerin
- Erfolg und Anerkennung im Job sind ihr sehr wichtig, sie übt ihren Beruf mit großem Pflichtbewusstsein und Verantwortungsgefühl aus
- hat einen kleinen, ausgesuchten Freundeskreis mit langjährigen Freund*innen

- wünscht sich eine Beförderung, momentan liegt ihr Fokus allerdings auf der Vereinbarkeit von Familie und Beruf
- ist sportlich und gebildet
- unternimmt in ihrer Freizeit gerne Fahrradtouren oder erkundet Museen
- ist sehr diszipliniert, achtet auf eine gesunde Ernährung und kocht am liebsten mit frischen Lebensmitteln
- legt Wert auf ökologisch verträgliches Reisen und Bildungsreisen
- hat ein Smartphone, nutzt dies aber hauptsächlich zur Kommunikation via WhatsApp und E-Mail und ärgert sich über den hohen Social-Media-Konsum ihrer Kinder
- konkrete Wünsche gesteht sie sich nicht ein und zu – dazu ist sie zu pragmatisch, pflichtbewusst und realistisch

Abb. 6: Generation X: Visionboard Andreas (Fotos: PR (BMW), Pexels, Unsplash, Canva)

Andreas, 53: »Wer es weit bringen möchte, muss sich anstrengen.«

- ist Geschäftsführer einer mittelgroßen Immobilienfirma in Frankfurt am Main mit etwa 100 Mitarbeitenden
- lebt mit seiner zweiten Frau und deren Sohn in einer Penthouse-Wohnung im Frankfurter Westend
- ist modern und elegant eingerichtet, sammelt moderne Kunst
- geht in seiner wenigen Freizeit gerne Golfen
- liebt schnelle Autos (fährt einen BMW X6 M)
- seine erste Rolex trägt er noch heute

- nach dem Abitur ist er in die Fußstapfen seines Vaters (Firmengründer) getreten und hat eine Ausbildung zum Immobilienkaufmann gemacht
- ist danach direkt in die Firma seines Vaters eingestiegen, konnte sich aber nicht ins gemachte Nest setzen, musste sich vor seinem Vater erst einmal beweisen
- hat die Firma nach dem Tod seines Vaters übernommen
- hat einen hohen Leistungsanspruch an sich und an seine Mitarbeitenden
- erwartet Pünktlichkeit, Durchhaltevermögen, Ehrgeiz, Loyalität und Verantwortungsbewusstsein
- ist sein eigener größter Kritiker und geht hart mit sich und seinen Leistungen ins Gericht
- sein Motto: Geht nicht gibt's nicht!
- verlässt sich ungern auf andere, packt lieber selbst an
- ist ein klassischer »Macher«
- er möchte mehr für seine Familie da sein, das gelingt ihm aber nicht immer; die größte Liebe seines Lebens ist seine Firma
- für seine harte Arbeit belohnt er sich mit teuren Fernreisen, Uhren und anderen Statussymbolen
- legt großen Wert auf ein gepflegtes Äußeres
- hat ein Homegym, weil er auch mit fortschreitendem Alter gut und fit aussehen will
- liebt gutes Essen und guten Wein
- hat zwei Handys (eines privat, eines beruflich), nutzt beide regelmäßig bis intensiv (Mails, WhatsApp, Börsenkurse, News, kaum Social Media)
- sehnt sich nach Ruhe und Entspannung, gönnt sich diese aber nicht

Und, haben Sie sich oder eine*n Kolleg*in wiedererkannt? Natürlich sind die beschriebenen Xer Sabine und Andreas fiktive Personen, sie dienen aber als Einladung, sich mit ihnen zu identifizieren, Ähnlichkeiten oder Muster zu erkennen und einen Zugang zu ihrer Generation zu ermöglichen (wenn Sie aus einer anderen stammen).

Wie eingangs erwähnt, konzentrieren wir uns in diesem Buch auf die Generationen X, Y und Z, welche in den kommenden Jahren und Jahrzehnten die Welt der Arbeit prägen werden. In der gesellschaftlichen Wahrnehmung werden die beiden älteren, (noch) parallel auf dem Arbeitsmarkt aktiven Generationen X und Babyboomer als »Dienstälteste« oft gleichgestellt betrachtet. Jedoch gibt es wesentliche Unterschiede zwischen beiden Generationen, welche wir auf den folgenden Abbildungen visualisieren.

Abb. 7: Babyboomer vs. Generation X: Übersicht (Fotos: Canva)

Boomer vs. X
Die wesentlichen Unterschiede

Boomer

Geboren…

nach dem Krieg, in eine Zeit des Wiederaufbaus, des Fortschritts und des Wirtschaftswunders: Kindheit mit Aufbruch und Wachstumsstimmung

Geprägt durch…

Optimismus und Wohlstand
wachsende Stabilität und Sicherheit
geringe Arbeitslosigkeit = Arbeitsplatzsicherheit aufgrund florierender Wirtschaft nach dem Krieg
➞ klassische Rollenverteilung / traditionelles Familienbild (Versorger und Hausfrau)
➞ autoritären Erziehungsstil der Eltern (Zucht und Ordnung, Fleiß, Disziplin, Gehorsam, Respekt vor Autoritäten)

Wichtige Werte und Merkmale:

Zusammenhalt & Teamarbeit (harmoniebedürftig, demokratisch), gleichzeitig immer umgeben von vielen Gleichaltrigen (geburtenstärkste Jahrgänge Mitte der 60er Jahre)
➞ zahlenmäßig die größte Generation in der Geschichte, deswegen lernen sie früh, hart zu arbeiten und sich (gegen die zahlreichen Mitbewerber) durchzusetzen (Wettkampfdenken)
➞ Teamplayer *und* Konkurrenten
klare Hierarchieverhältnisse und klare Rollen-/Aufgabenverteilung
Führungskultur, die nach dem Prinzip Befehl und Kontrolle funktioniert
oft mit Arbeit verheiratet, Familienleben kommt häufig zu kurz

Innere Haltung:

„Ich möchte gebraucht werden."

X

Geboren…

in eine Welt großer wirtschaftlicher, politischer und gesellschaftlicher Unsicherheit (Wirtschafts-/ Ölkrise, Wettrüsten zwischen Ost und West, Terrorismus (RAF, IRA, Tchernobyl) ➞ erschüttert das Vertrauen in Politik und Institutionen, Glaube an Sicherheit geht verloren

Geprägt durch…

hohe Scheidungsraten („Schlüsselkinder")
große Verunsicherung und hohen Druck
Wissen, dass diese Generation den Wohlstand der Eltern nie erreichen wird
➞ daraus resultiert Orientierungslosigkeit, Resignation, Pessimismus und Skepsis; mussten schnell lernen, dass sie sich nur auf sich selbst verlassen können
➞ Unabhängigkeit, Selbstständigkeit, konkurrenzgetrieben; Gefühl, alles selbst machen zu müssen und nicht abgeben wollen / können
➞ ständige Überlastung, „Generation Burnout"

Wichtige Werte und Merkmale:

Autoritäten werden häufiger in Frage gestellt ➞ Respekt muss sich verdient werden
offener Protest als Form der Meinungsäußerung war plötzlich akzeptabel
beruflicher Erfolg = Jobtitel, lange Arbeitstage, hohes Gehalt, Statussymbole / Luxus (Autos, Mode, Fernreisen)
beginnende Geschlechtergleichstellung: Feminismus, § 218, Frauen erstmals an der Spitze

Innere Haltung:

„Ich erledige das lieber selbst."

Abb. 8: Babyboomer vs. Generation X: Unterschiede

2 Generation Y

Chronologisch geht es im Folgenden mit der Generation Y weiter. Wir geben zunächst wieder einen Überblick zu den Eckdaten und den betrachteten Parametern dieser Generation:

Abb. 9: Generation Y: Übersicht (Fotos: PR(Vans), Canva)

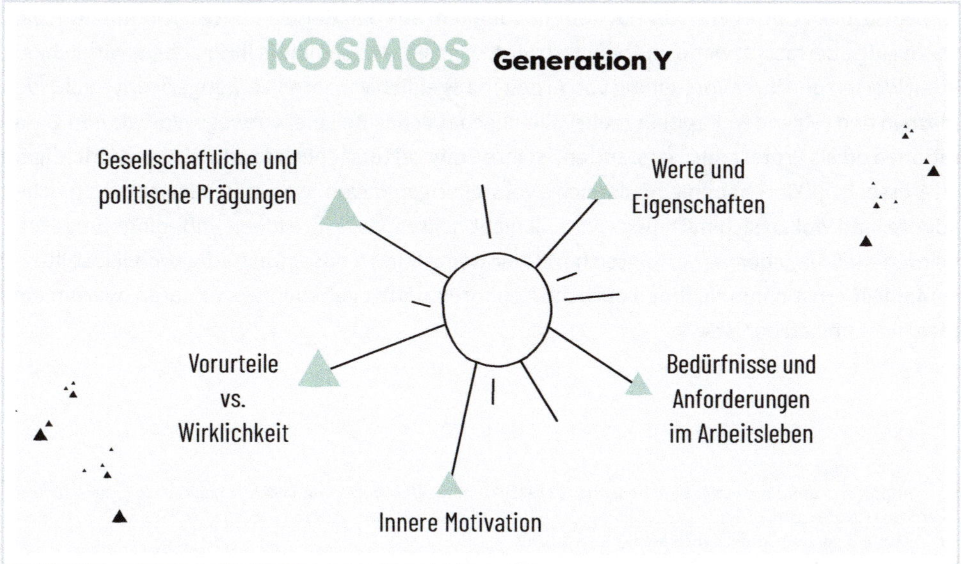

Abb. 10: Generation Y: Kosmos

2.1 Gesellschaftliche und politische Prägungen

Angehörige dieser Generation, die mit 15,78 Millionen die zweitgrößte Altersgruppe der Einwohner*innen Deutschlands bildet,[32] wurden in den Jahren von 1981–1994 geboren und werden auch als »Millennials« bezeichnet, da sie in etwa um die Jahrtausendwende ihre prägenden Kindheits- und Jugendjahre erlebt bzw. zu diesem Zeitpunkt mit Schule, Ausbildung oder Studium begonnen haben. Ursprünglich entstand der Begriff »Generation Y« als Fortschreibung der chronologischen und alphabetischen Reihenfolge (nach »Generation X«). Außerdem lässt sich Y auch mit dem englischen *why?* gleichsetzen, was bereits ein wichtiger Hinweis auf eine der bemerkenswertesten Eigenschaften dieser Generation ist: alles zu hinterfragen und diese Fragen selbstbewusst zu stellen. Yler wollen wissen, *warum* etwas (nicht) funktioniert, sie nehmen – ganz besonders im Arbeitskontext und im Gegensatz zu ihren hierarchiegläubigeren, dienstbeflissenen Vorgängergenerationen – niemals alles einfach als gesetzt hin. Wer den Satz »Das haben wir schon immer so gemacht« gegenüber einem Millennial äußert, wird am eigenen Leib erfahren, inwieweit diese Generation bestehende Standards und Strukturen nicht schlichtweg annimmt, sondern immer nach dem Ideal strebt. Dabei scheuen sie sich nicht, die großen Themen anzugehen: »Wer sind wir? Was ist der Sinn unseres Lebens? Wo wollen wir hin? Was ist unsere Bestimmung?«[33]

Auffallend ist, dass die Generation Y die wohl am häufigsten kritisierte und gleichzeitig missverstandene Generation ist. Als »faul, oder zumindest wenig belastbar, egoistisch, alles hinterfragend und schnell unzufrieden« – so werden sie nicht selten beschrieben.[34] Sogar das renommierte amerikanische Magazin *TIME* bezeichnete sie in einer Titelgeschichte 2013 als »The Me Me Me Generation«, um die vermeintlich hohe Anspruchshaltung dieser Altersgruppe zum Ausdruck zu bringen.[35] Unmut kommt vor allem aus den Reihen der Babyboomer und Xer, was wenig überrascht, wenn uns bewusst wird, dass sich Millennials in ihrer Lebenswirklichkeit, ihren Werten und ihrer Vorstellung von Arbeit maßgeblich von ihren Vorgängern unterscheiden (dazu in den folgenden Kapiteln mehr). Ein anschauliches Beispiel vorweg: »Von älteren Generationen oft als Protest missverstanden, ist ihre Fragerei tatsächlich Ausdruck von aufrichtigem Interesse. […] [Yler] haben einfallsreiche Vorstellungen davon, was man alles anders machen könnte, und wollen sich mitteilen. Das soll nicht heißen, dass ihre Ideen unbedingt umgesetzt werden müssen, aber wer erfolgreich mit der Generation Y zusammenarbeiten will, sollte sie zumindest ernst nehmen, ihnen aufrichtig zuhören und gegebenenfalls erklären, warum eine Idee nicht umsetzbar ist.«[36]

---

32 https://de.statista.com/statistik/daten/studie/1130193/umfrage/bevoelkerung-in-deutschland-nach-generationen/ (29.06.2023)
33 Tavolato: Aktives Generationen-Management, S. 49.
34 https://www.clevis.de/ratgeber/millennials-generation-y/ (29.06.2023)
35 Klaffke: Generationen-Management, S. 59.
36 Mangelsdorf: Von Baby-Boomer bis Generation Z, S. 69.

Die Begegnung auf Augenhöhe ist essenziell im Umgang mit Mitgliedern der Generation Y, denn so sind sie es von klein auf gewohnt.[37] Ihre Eltern entstammen vorrangig der Babyboomer-Generation und haben eine Kindheit erlebt, die von Verzicht auf Zeit, Aufmerksamkeit und teilweise Wohlstand geprägt war. Bei ihren eigenen Kindern möchten sie es nun besser machen: Millennials haben als Kinder viel Liebe, Lob, Anerkennung und Wertschätzung erfahren, jederzeit sind sie unterhalten, beschützt, entlastet, umsorgt und gefördert worden. Von früh an wurden sie zur Mitbestimmung erzogen und ermutigt, ihre Meinung zu äußern.[38] Als Erwachsene tun sie Dinge anders und denken anders, weil sie mit wesentlich anderen Erziehungs- und Lernprozessen sozialisiert wurden (antiautoritärer Erziehungsstil). Mit ihren Eltern pflegen sie bis heute ein überaus freundschaftliches und gleichberechtigtes Verhältnis. Meist suchen sie die Herausforderung und trauen sich selbst sehr viel zu, weil sie schon früh in Familien- und Schulentscheidungen eingebunden wurden, bei nahezu allem eine Vielzahl an Möglichkeiten und Alternativen hatten und viel Bestätigung für ihr Tun bekamen – egal, wie erfolgreich oder erlaubt es war.[39]

Zeitgleich ist die Generation Y in einer von Unsicherheit geprägten Welt mit permanenten Unwägbarkeiten und Bedrohungen aufgewachsen. Sie hat den Untergang der Estonia ebenso erlebt wie die Amokläufe an der Columbine High School in Littleton, Colorado (USA) und am Gutenberg-Gymnasium in Erfurt (Thüringen), den Börsencrash 2008, die globale Erwärmung, Naturkatastrophen und Terrorismus. Das wesentlichste, kollektiv prägende Ereignis stellt wohl das fanatische Attentat auf das World-Trade-Center vom 11. September 2001 dar.[40] Auch die Globalisierung und Digitalisierung betreffen diese Generation als Erste vollumfänglich. Sie profitiert zwar von der internationalen Vernetzung und hat schnell weltweiten Zugang zu Daten und Informationen erhalten, spürt aber im gleichen Maß einen zunehmenden Wettbewerbsdruck und eine Überreizung durch die Flut an Informationen.[41]

Während sich die Zukunft für ihre Vorgängergeneration X jedoch eher entmutigend gestaltete und bei dieser Skepsis, Resignation oder Pessimismus auslöste (s. Kapitel 1.1), hat sich die Generation Y dafür entschieden, das Leben in vollen Zügen auszukosten. Das Motto, welches ihr Lebensgefühl am treffendsten umschreibt, heißt »YOLO« = You Only Live Once. 70,6 % von ihnen geben in einer aktuellen Umfrage zu Werteorientierung und Lebenseinstellungen an, dass »viel Spaß haben, das Leben genießen« für sie wichtig und erstrebenswert ist.[42] Auf andere wirken Millennials oft sprunghaft und verwöhnt, dabei stellen sie tatsächlich enorm hohe Erwartungen an sich selbst. Um zu verstehen, wie es zu solchen offensichtlichen Widersprüchen und zur Zerrissenheit sogar innerhalb der Generation selbst kommen kann, werden wir im folgenden

37 Mangelsdorf: Von Baby-Boomer bis Generation Z, S. 69.
38 Mangelsdorf: Von Baby-Boomer bis Generation Z, S. 18.
39 Tavolato: Aktives Generationen-Management, S. 50.
40 Klaffke: Generationen-Management, S. 60.
41 Tavolato: Aktives Generationen-Management, S. 51.
42 https://de.statista.com/statistik/daten/studie/1136705/umfrage/umfrage-zu-wertorientierungen-und-lebenseinstellungen-nach-generationen/ (29.06.2023)

Kapitel tief in die Wertewelt der Generation Y eintauchen und das Fundament für ein grundlegendes, vorurteilsfreies Verständnis schaffen.

2.2 Werte und Eigenschaften

Im Zentrum des Wertekosmos der Y-Generation stehen drei markante Grundpfeiler: Selbstbestimmung, Selbstoptimierung und Sinnsuche. Millennials möchten nicht im Mittelmaß versinken, sie wollen einzigartig sein. Yler stellen enorm hohe Ansprüche an sich selbst und an alles, mit dem sie ihr Leben füllen. Im vorherigen Kapitel haben wir gesehen, dass sie von früher Kindheit an gewohnt sind, ein Überangebot an Möglichkeiten geboten bekommen zu haben und seitens der Eltern in der Findung und Förderung ihrer Persönlichkeit in jeder Hinsicht unterstützt worden zu sein. Das macht sich bei ihren Ansprüchen an die Arbeitswelt bemerkbar: Eine Stelle und/oder eine Firma sind dann attraktiv, wenn sie eine Chance zur Selbstverwirklichung bieten, und nur so lange reizvoll, wie ein Job mit ihrem aktuellen Lebensmodell übereinstimmt.[43]

Die Generation Y braucht und fordert sinnhafte Arbeit, Entwicklungsmöglichkeiten, Mitspracherecht und regelmäßiges Feedback – wenn sie nur eins davon vermisst, zögert sie nicht, zu kündigen oder den Arbeitgeber zu wechseln (vgl. Kapitel 2.4).[44] Die Zahlen sprechen für sich: 38 % der Millennials wären lieber arbeitslos als unglücklich in ihrem Job. Zum Vergleich: In der Zielgruppe der über 44-Jährigen, also der Generation X, teilt diese Einstellung gerade mal ein Viertel.[45]

Der Alltag der Angehörigen der Generation Y ist aufgrund der Digitalisierung und multimedialer Kommunikation in Echtzeit schnelllebig geworden; sie sind übrigens die erste Generation, die parallel zur Entwicklung des Internets aufgewachsen ist. Zu warten haben Millennials nicht mehr lernen müssen – und zwar nicht nur aufgrund ihrer familiären Sozialisierung, sondern auch, weil sie durch den modernen Informationsfluss ständige Rückmeldung und sofortige Reaktion gewohnt sind. Ihr Verlangen nach unmittelbarem Feedback wird durch Social Media permanent gefüttert. Vor diesem Hintergrund erklärt sich, warum stetiges Feedback von Vorgesetzten, am besten in Form von Bestätigung, für sie so essenziell und selbstverständlich ist.[46]

Im Gegensatz zu ihren Vorgängergenerationen X und Babyboomer, deren Leben aus Arbeit, Arbeit, Arbeit bestand und die das Selbstverständnis hatten, sich in *einem* Unternehmen zu etablieren und hochzuarbeiten, denken Millennials in viel kürzeren Dimensionen von maximal zwei, drei Jahren. Sie planen nicht mehr für ein ganzes (Berufs-)Leben. Chef*in werden ist für diese Generation nicht das Maß aller Dinge: Sich nur um des Aufstiegs Willen in der Arbeit zu

---

43 Mangelsdorf: Von Baby-Boomer bis Generation Z, S. 19.
44 Eberhardt: Generationen zusammen führen, S. 44/45.
45 https://utopia.de/news/generation-z-lieber-ohne-arbeit-als-ungluecklich-im-job/ (29.06.2023); https://www.randstad.com/workforce-insights/global-hr-research/randstad-workmonitor/ (29.06.2023)
46 Mangelsdorf: Von Baby-Boomer bis Generation Z, S. 19 ff., 48.

engagieren, finden sie komplett abwegig. Traditionelle hierarchische Führung, wie sie in vielen Unternehmen momentan noch gehandhabt wird, lehnen sie ebenfalls ab. Für die Zukunft heißt das: Je mehr Zugehörige aus der Generation Y und ebenso der ganz jungen Generation Z das Gros der Arbeitnehmenden bilden, desto mehr wird die »[...] Karriere über die tradierte Leiter [...] irgendwann zur Ausnahme werden« und wir werden »[...] eher Mosaikkarrieren [sehen], mit vielen Wechseln zwischen Unternehmen und Tätigkeiten.« Wer annimmt, Yler würden deshalb überhaupt keine Führungspositionen anstreben oder gar arbeitsunwillig sein, täuscht sich. »Wenn die Umstände stimmen, arbeiten viele von ihnen sehr gerne und viel. Das sieht man zum Beispiel an denen, die gründen. Die arbeiten danach mehr als je zuvor, weil es sie so erfüllt.«[47]

Enthusiasmus und Begeisterungsfähigkeit zeichnen diese Generation also genauso aus wie die Werte Produktivität und Aktivität. Millennials mögen keinen Stillstand. Langeweile kam in ihrer Kindheit nicht auf und ist für sie bis heute nahezu unerträglich. Letztlich geht es ihnen aber nicht – wie häufig unterstellt – um reines »Spaß haben«, sondern sie suchen »zwischen all den Ablenkungen des Alltags [...] doch nach emotionaler Bindung und tiefer Befriedigung, die über Oberflächlichkeiten hinausgeht.«[48] Diese beschriebene Sehnsucht zeigt sich auch in ihrem Privatleben: Trotz der schier unendlichen Möglichkeiten des modernen Datings und der damit verbundenen Austauschbarkeit von Lebens(abschnitts)partnern wünschen sich Millennials enge Beziehungen in ihrem Leben, sei es in der Liebe oder in Freundschaften. Konsequenterweise machen sie auch keinen Unterschied zwischen Freund*innen und Kolleg*innen – ein signifikanter Gegensatz zu allen bisherigen Generationen (Stichwort Work-Life-Blending, vgl. Kapitel 2.4). »[...] Vielleicht gerade aufgrund der Anonymität vieler Kontakte in sozialen Netzwerken sowie der Vielzahl an Optionen sind [...] persönliche und verbindliche Beziehungen von größter Bedeutung für die Generation Y, die in den letzten Jahren sogar noch weiter zugenommen hat. Freundschaft, eine vertrauensvolle Partnerschaft und ein gutes Familienleben gehören zu den zentralen Wertorientierungen der jungen Menschen.«[49]

Zusammengefasst sind Yler häufig experimentierfreudig, selbstbewusst, impulsgesteuert, neugierig, gefühlsbetont, sozial vernetzt, offen für Neues und Veränderungen, immer auf der Suche, nie ankommend.

Werte dieser Generation sind: Selbstbestimmung, Authentizität, Transparenz, Sinnhaftigkeit, Wertschätzung, Flexibilität, Selbstverwirklichung, Freiheit, Optimismus, Spaß, Harmonie, Zugehörigkeit.

Gesundheit ist ebenfalls ein Wert, welcher Ylern sehr wichtig ist. Anders als beispielsweise die Generation X, die sich bis zur kompletten Erschöpfung für die Arbeit aufopfert (»Generation Burn-out«), ist die jüngere Generation deutlich resilienter. Healthy Mind, Body & Soul erschei-

47 https://utopia.de/news/millennials-wollen-keine-fuhrungspositionen-der-grund-ist-ihr-selbstverstandnis/ (29.06.2023)
48 Mangelsdorf: Von Baby-Boomer bis Generation Z, S. 19.
49 Klaffke: Generationen-Management, S. 62.

nen Millennials – sicher auch geprägt durch Vorbilder in Social Media – erstrebenswert, gleichzeitig dienen Sport und gesunde Ernährung auch der persönlichen Selbstoptimierung. Sie sind bei der Auslebung dieses Wertes jedoch keinesfalls totalitär, sondern erlauben sich »Fehltritte« in Form von Fast Food und Faulenzen, was einen interessanten Vorgriff auf ihre Erwartung an eine Fehlerkultur markiert (mehr dazu in Kapitel 2.4). Anderen Generationen fällt es häufig schwer, mit solcher Inkongruenz umzugehen. Peripher betrachtet wirkt die Generation Y tatsächlich an vielen Stellen widersprüchlich. Durch die schlaglichtartige Beleuchtung ihrer Ambivalenz, insbesondere was ihre Motivation im Arbeitskontext angeht, sind wir in diesem Kapitel bereits einen entscheidenden Schritt Richtung Verständnis für unterschiedliche Generationen gegangen. Im Folgenden wollen wir mit drei weitverbreiteten Vorurteilen über Millennials aufräumen, um diese Einsicht zu vertiefen.

2.3 Vorurteile vs. Wirklichkeit

In der Wissenschaft unterscheidet man zwischen Stereotypen (= verallgemeinernde Annahmen) und Vorurteilen (= negative Stereotype und diskriminierendes Verhalten). Bevor wir drei typische Schubladen zur Generation Y öffnen und der Realität gegenüberstellen, ist ein kurzer Exkurs zur Definition von (unbewussten) Vorurteilen daher unverzichtbar.

Seit einigen Jahren taucht der Begriff »Unconscious Bias«, zu Deutsch: unbewusste Vorurteile, verstärkt auf. Den meisten ist die tatsächliche Bedeutung, sowohl des Wortes als auch seiner Wirkung, allerdings unbekannt (oder nur rudimentär). Ein fataler Umstand, weil gerade schädliches Schubladendenken dazu führt, dass wertvolle Fähigkeiten von Mitarbeitenden systematisch übersehen werden. Eine Klärung der Begrifflichkeit ist für uns an dieser Stelle ebenso bedeutsam wie hilfreich.

Grundsätzlich lässt sich konstatieren, dass *jeder* Mensch unbewusste Vorurteile hat. Sie sind elementarer Teil unserer sozialen Wahrnehmung. Herausgebildet werden sie im Laufe unserer Sozialisation: Unser Gehirn speichert automatisch verallgemeinernde positive oder negative Eigenschaften und Fähigkeiten von Menschen bestimmter Gruppen ab. Dagegen können wir uns bewusst also gar nicht wehren. Diese Mutmaßungen nisten sich dann als (verallgemeinernde) Stereotype oder als (diskriminierende) Vorurteile im Unterbewusstsein ein und warten darauf, ungefragt abgerufen zu werden. Jene Automatisierung unseres Gehirns ist nicht als kategorisch falsch oder böswillig einzuordnen; sie bietet ihm vielmehr eine ressourcenschonende Möglichkeit, um Bewertungen im komplexen (Arbeits-)Alltag vorzunehmen und Entscheidungen zu treffen. Das heißt: Unser Gehirn muss sich nicht intensiv mit Einzelfällen und Details befassen und spart Zeit und Energie. Insofern nachvollziehbar, dass gerade bei Stress, der unser kognitives Vermögen erheblich reduziert, Menschen dazu neigen, sich von ihren Stereotypen und (unbewussten) Vorurteilen leiten zu lassen. Besonders Führungskräfte – die in der Regel unter großem Zeit- und Performancedruck stehen – sind gefährdet, in unbewusstes Schubladendenken (über Alter, Geschlecht, sexuelle Orientierung, soziale und ethnische Herkunft,

Religion oder körperliche und geistige Fähigkeiten) zu verfallen. Einige Firmen bieten ihren Leader*innen und Mitarbeitenden deshalb seit einiger Zeit entsprechende Anti-Bias-Trainings an, um sie hierfür zu sensibilisieren. Der Erfolg solcher Angebote hängt entscheidend davon ab, ob sie in eine ganzheitliche Diversity-Strategie (idealerweise begleitet durch eine neutrale externe Beratung, wie beispielsweise die Unternehmensberatung Generation BOLD sie bietet) eingebettet sind oder lediglich als Einzelmaßnahme umgesetzt werden.

Denn einfach eliminieren lassen sich die unbewussten Vorurteile nicht, auch wenn sie uns bewusst werden. Aufgrund ihrer tiefen Verankerung im Unbewussten sind sie leider treue Begleiter, die es aufzudecken, zu analysieren (z. B. Woher kommt meine Annahme über diese Person? Ist meine Einstellung berechtigt? Was habe ich mit welchen Gedanken und Gefühlen in der Situation wahrgenommen? Hätte ich das Gleiche gesagt, wenn es sich um einen ältere*n Mitarbeiter*in gehandelt hätte?) und gegen die es anzukämpfen gilt. Letzteres funktioniert dann am besten, wenn im Fokus steht, was jeder und jede permanent tun kann, um bei sich selbst und anderen stereotype Urteile zu erkennen, zu hinterfragen, ihre Wirkung zu minimieren und bewusst andere Perspektiven bei Entscheidungen einzunehmen und/oder hinzuzuziehen.[50]

Werfen wir also nun einen Blick auf drei gängige Vorurteile gegenüber der Generation Y und vollziehen genau diesen wertvollen Perspektivenwechsel:

Vorurteil 1: »Ihr seid total faul und denkt nur an euer Vergnügen.«

Die Wirklichkeit: Die Grenzen zwischen Arbeitszeit und Freizeit werden schlichtweg anders definiert und sind fließend. Kolleg*innen werden zu Freund*innen, mit denen man nach Feierabend Lösungen für Jobthemen bespricht. Die Generation Y führt das Konzept Work-Life-Balance (im Sinne einer Ausgewogenheit von Berufs- und Privatleben und der Vereinbarkeit beider Bereiche) noch einen Schritt weiter: Sie lebt uns ein Work-Life-Blending vor. Darunter versteht man die Verschmelzung (engl. »blend« = Melange, Mischung) von Lebenswelt und Arbeitswelt. Sowohl Arbeitszeit als auch Zwischenmenschliches werden nicht mehr scharf vom Privatleben abgegrenzt. Aktivitäten können nicht eindeutig einer der beiden Welten zugeordnet werden, sondern es entsteht ein stetiges und kaum mehr wahrnehmbares Springen zwischen Arbeit respektive Berufsrolle und Freizeit bzw. Privatrolle. Millennials leben nicht länger, um zu arbeiten, aber arbeiten auch nicht nur, um zu leben. Ihr Job ist für sie primär eine sinnstiftende Erweiterung und ein natürlicher Bestandteil ihres Lebens. Studien zeigen zudem: Vielleicht arbeiten Millennials weniger Stunden pro Tag, dafür ist ihre Produktivität pro Arbeitsstunde höher.[51]

50 Kallwitz: Unconscious Bias, S. 55–60.

51 Mangelsdorf: Von Baby-Boomer bis Generation Z, S. 148.
https://www.leadership-insiders.de/work-life-blending-was-heisst-das-und-was-bedeutet-es/ (29.06.2023); https://www.askdante.com/de/blog/work-life-blending/#:~:text=Unter%20Work%2DLife%2DBlending%20versteht,Freizeit%20mit%20den%20Kollegen%20verbracht (29.06.2023)

Vorurteil 2: »Ihr seid von euren Eltern verhätschelt worden.«

Die Wirklichkeit: Angehörige der Generation Y führen eine freundschaftliche Eltern-Kind-Beziehung auf Augenhöhe. Sie durften mitentscheiden, wurden zu eigenem Denken und Handeln ermutigt und ihre Eltern stehen – auch im Erwachsenenalter – immer hinter ihnen und ihren Entscheidungen. Ja, bei anderen Generationen, insbesondere den Babyboomern und Xern, kann das Irritation bis hin zu Reaktanz auslösen. Die Älteren, die selbst in einem klar hierarchischen Eltern-Kind-System aufgewachsen sind, in welchem es Anerkennung oder liebevolle Zuwendung in der Regel nur gegen Leistung gab, rechnen teilweise vernichtend mit den Jüngeren ab. Sie werfen ihnen »fehlende Arbeitsmoral«, eine »Turnschuh-Mentalität«, »überzogene Gehaltsansprüche« und »mangelnde Leistungsbereitschaft« vor, wie Aussagen eines Partners der Headhunterfirma Odgers Berndtson verdeutlichen, welche jährlich rund 2500 Manager*innen befragt.[52] Der Frust gegenüber der jüngeren Generation kann sich auflösen, wenn durch Selbstreflexion und einen Perspektivenwechsel verstanden wird, dass »Verhätschelung« (ab-)wertend ist und aus dem eigenen Defizit erwächst, während in Wirklichkeit die Erziehung der Yler einfach antiautoritär war, mit allen in Kapitel 2.1 beschriebenen Auswirkungen für deren Leben als Erwachsene.

Vorurteil 3: »Ihr interessiert euch nur für euch selbst!«

Die Wirklichkeit: Ja, die Gedanken und Gefühle der Generation Y kreisen viel um sie selbst. Allerdings nicht aus purem Egoismus, sondern weil diese Generation immer auf Sinnsuche ist und alles hinterfragt – auch sich selbst. Sie treibt ein inhärenter Wunsch nach Weiterentwicklung an, bei dessen Erfüllung ihnen alle Möglichkeiten offenstehen, sei es, was die nächste interessante Arbeitsstelle, den Arbeitsort, das spannende Reiseziel oder eine neue Liebe angeht. Das permanente Überangebot wirkt gleichwohl überfordernd und erzeugt Stress: Ist dieser Job, diese*r Partner*in, dieses Projekt gerade wirklich das Richtige für mich? Oder gibt es nicht noch etwas Besseres? Verstärkend zu den eigenen Zweifeln traf diese Generation in den 2000er Jahren auf eine Arbeitswelt, in der atypische Beschäftigungsverhältnisse (keine Festanstellungen, kurzzeitige und befristete Verträge, Niedriglöhne für Akademiker) zunahmen und die Hürde eines erfolgreichen Berufseinstiegs ungleich höher wurde. Die auch als »Generation Praktikum« titulierte Generation Y ist infolgedessen krisenerfahren und durch die veränderte Marktsituation auch ein Stück weit gezwungen worden, sich um sich selbst zu kümmern.[53]

2.4 Bedürfnisse und Anforderungen im Arbeitsleben

Den Trend, eine individuelle Behandlung im Arbeitsleben zu erwarten, hat die Generation Y initiiert und geprägt (und er wird sich in ihrer Folgegeneration Z verstärkt fortschreiben, s. Ka-

52 https://www.sueddeutsche.de/karriere/personal-arbeitskultur-generation-y-1.4499894 (29.06.2023)
53 Klaffke: Generationen-Management, S. 13.

pitel 3). Er sollte jedoch nicht unsachlich mit überzogener Anspruchshaltung, Überheblichkeit oder ähnlich wertenden Etiketten versehen, sondern mit Verständnis für die Sozialisation der Millennials betrachtet werden:[54]

Führt man sich vor Augen, wie diese Generation aufgewachsen ist, nämlich mit kontinuierlicher positiver Bestätigung, Wertschätzung, Lob und Zuspruch durch Eltern und Großeltern, früher Mitbestimmung bei Familien- und Lebensplänen und einer Vielzahl an Alternativen bei nahezu allen Entscheidungen, wird nachvollziehbar, warum personalisierte, auf sie individuell zugeschnittene Karrierewege so wichtig sind. Wenn (in ihren Augen) etwas nicht gut oder richtig läuft, liegt es nahe, dass sie die Schuld zuerst bei anderen suchen und nicht unbedingt bei sich selbst. Das kann gerade im Arbeitskontext zu Spannungen führen. Auch das Enttäuschungspotenzial dieser Generation ist enorm groß. Ihr Anspruch ist: »Ich kann das sofort und wenn nicht, dann probiere ich es so lange, bis ich es kann.« Dieses »so lange« ist jedoch relativ kurz – wenn Millennials ihr selbst gestecktes Ziel nicht zügig genug erreichen, sind sie schnell demotiviert. Sie erwarten, dass sie sofort an spannenden und erfolgreichen Projekten mitarbeiten dürfen, und sind enttäuscht, wenn sich ihre hohen Erwartungen nicht erfüllen. Leider kann es dadurch gerade am ersten Arbeitsplatz oder in den ersten Berufsjahren zu Unsicherheit, Angst, Frust und Demotivation kommen. Ältere Generationen verstehen sie in diesem Punkt kaum: Ihre Erwartungen waren geringer und wurden in den ersten Jahren des Berufslebens eher übertroffen, was Babyboomer wie Xer stark motivierte. Auch das Dilemma der Multi-Optionsgesellschaft und die damit verbundene Notwendigkeit, permanent (die richtigen) Entscheidungen treffen zu müssen, kennen die Älteren nicht; es führt jedoch bei der Generation Y vermehrt zu Stress. Sichtbar wird dies in der Steigerung der psychischen und psychosomatischen Erkrankungen in ihrer Altersgruppe: Im Zeitraum von 1997 bis 2010 haben unter den bis 29-Jährigen die Krankmeldungen in Deutschland überproportional zugenommen, zudem suchen Erwerbstätige der Generation Y doppelt so häufig ärztliche Hilfe wie Gleichaltrige, die noch nicht berufstätig sind (DAK 2010 und 2011).

Um die geschilderte Ernüchterung der Millennials und daraus möglicherweise resultierende Krankheitsfälle sowie eine starke Fluktuation zu vermeiden, braucht es starke und akzeptierte Führungskräfte, die sich aktiv mit ihnen auseinandersetzen, ihre Stärken fördern und gleichzeitig mit viel Geduld und Einfühlungsvermögen erklären, wie sie Schritt für Schritt vorankommen und welche Aufgabe wann zu ihnen passt. Leader*innen aus der Generation X oder Babyboomer nehmen sich allerdings diese Zeit oftmals nicht oder setzen andere Prioritäten – hier ist ein Umdenken gefragt, wenn man als Arbeitgebender attraktiv für die hochqualifizierten Talente aus der Y-Generation bleiben und sie an sich binden möchte.[55]

Gleiches gilt für das zentrale Thema Feedback. Es ist wichtig, Ylern regelmäßig positive Bestätigung und unmittelbare Belohnung zu geben (je häufiger, desto besser) und Kritik nur

54 Klaffke: Generationen-Management, S. 80.

55 Tavolato: Aktives Generationen-Management, S. 92/93 und Klaffke: Generationen-Management, S. 62.

wohlüberlegt und fundiert zu üben. Nur dann fühlen sie sich gesehen, wertgeschätzt und respektiert. Auch eine vorhandene Fehlerkultur innerhalb eines Unternehmens ist maßgeblich für die Verweildauer eines Millennials. Schließlich haben sie früh gelernt: »Dabei sein ist alles« und jede*r, der mitmacht, ist ein*e Gewinner*in. Sollten Ziele oder Abgaben innerhalb gesetzter Fristen nicht erreicht werden, gibt es dafür sicher eine Erklärung und Gründe, die jenseits ihrer Einflussnahme liegen: »Auch das wurde ihnen von klein auf vermittelt, da ihre gut meinenden Eltern mit aller Macht verhinderten, ihr Kind dem unguten Gefühl von Scheitern oder Versagen auszusetzen.«[56] Fehler existieren in diesem Sinn gar nicht für die Generation Y, sondern sie werden als Erfahrungen gespeichert, aus denen idealerweise etwas Positives für die Zukunft mitgenommen werden kann.

Es zeigt sich immer deutlicher, wie massiv die Überzeugung, etwas Besonderes zu sein, diese Generation seit frühester Kindheit geprägt hat. Dementsprechend suchen sie im Berufsleben auch keinen langweiligen 9-to-5-Job, sondern ...

- eine sinnstiftende Tätigkeit, mit der sie ihren persönlichen Beitrag zur Gesellschaft leisten können,
- Erfüllung,
- von Anfang an abwechslungsreiche, verantwortungsvolle Aufgaben,
- Wertschätzung und Vertrauen in ihre Fähigkeiten,
- Mitspracherecht,
- eine Förderung ihrer Neugier und kreative, vielseitige Entfaltungsmöglichkeiten,
- Selbstbestimmung, Eigenverantwortung und Unabhängigkeit,
- Flexibilität bzgl. Arbeitszeit- und Standort (klassische Neun-Stunden-Arbeitstage in Präsenz erscheinen ihnen wenig sinnvoll, wenn sie das Gefühl haben, Zeit absitzen zu müssen, statt etwas zu tun zu haben),
- individuelle Karrierewege mit viel Raum für persönliches Wachstum,
- schnelle Aufstiegschancen,
- faire monetäre Entlohnung (als Form der Anerkennung),
- einen Beruf, der zu ihrer Persönlichkeit passt und sich ihrem individuellen Lebensentwurf anpasst und nicht umgekehrt.

Yler wollen wissen, wofür sie sich einsetzen und wie sie zum Gesamtergebnis beitragen. Für Führungskräfte ist es deshalb elementar, einem Mitarbeitenden aus Generation Y den tieferen Sinn von Projekten zu erklären und wie sie ins Gesamtbild der Unternehmensvision passen. Wenn Millennials verstehen, warum bestimmte Aufgaben wichtig sind, wenn sie eigenverantwortlich arbeiten können und dann auch noch ein Match mit ihren persönlichen Werten besteht, ist ihre Motivation und Leistungsbereitschaft enorm hoch. Festgehalten werden sollte an dieser Stelle außerdem, dass ihre oftmals beklagte vermeintlich mangelnde Loyalität gegenüber Arbeitgebenden nichts anderes ist als die konsequente Umsetzung ihrer persönlichen Selbstverwirklichung: 30 Jahre in derselben Firma arbeiten ist für sie schlicht unattraktiv und

56 Mangelsdorf: Von Baby-Boomer bis Generation Z, S. 132.

widerspricht ihrem Wunsch nach stetiger Veränderung, Wachstum und persönlicher Weiterentwicklung.

Wenn traditionelle Hierarchien abgelehnt und Formalien als hinderlich und unnötig empfunden werden, ist es nur logisch, dass sie anderen, insbesondere Vorgesetzten, Respekt aufgrund ihres Verhaltens zollen und nicht allein aufgrund ihrer Position oder Rangordnung. Die Begegnung auf Augenhöhe ist daher unverzichtbar in Umgang und Zusammenarbeit mit Angehörigen der Generation Y.[57]

Echtheit, Authentizität und Offenheit benötigt man auch für die Kommunikation mit dieser Generation. Ihr eigener Kommunikationsstil ist locker, unmittelbar, kurzweilig, persönlich und bevorzugt digital. Überhaupt sind sie technisch sehr versiert und schätzen es, wenn ihr Arbeitgeber ihnen moderne Kommunikationswege und das entsprechende technische Equipment bietet. Bevor sie anrufen, schicken sie lieber eine Sprachnachricht. Sie sind 24/7 online und fühlen sich in der virtuellen Welt genauso zu Hause wie in der realen. Vollkommene Transparenz ist ihnen im zwischenmenschlichen Kontakt nicht unangenehm, im Gegenteil: Aufgrund ihrer hohen Affinität zu sozialen Medien, ihrer globalen Vernetzung und ihres unbegrenzten Zugangs zu Informationen sind sie es gewohnt, alles über jede*n zu wissen und haben selbst kein Problem damit, Persönliches wie Privates zu teilen – völlig konträr zur Generation X, die häufig mit Skepsis, Distanz oder Widerstand auf so viel Offenheit seitens der Jüngeren reagiert. Ebenso irritiert oder sogar verärgert der umgangssprachliche Ton (bei jüngeren Vertreter*innen der Generation Y zusätzlich die ungenaue, fehlerhafte Orthografie) die Älteren. Visuelle Elemente wie Emoticons in Businessmails sind keine Seltenheit. Von älteren Kolleg*innen und Vorgesetzten oftmals als Unprofessionalität und Respektlosigkeit empfunden, ist dieser spielerische, informelle Kommunikationsstil für Millennials gelernt, vollkommen normal und hilft ihnen dabei, Beziehungen aufzubauen (egal, ob virtuell oder persönlich). Tatsächlich ist ihr Weg authentisch und wertschätzend, denn er ermöglicht nahbaren Kontakt zwischen den Kommunizierenden, schenkt Raum für Individualität und fördert somit Vielfalt. Anstatt auf die Offenheit der Jüngeren mit Autorität, Führung und Ansprache »von oben herab« zu reagieren und zu versuchen, sie umzuerziehen (was von Millennials als Bevormundung und mangelnde Verbundenheit empfunden wird), können ältere Generationen von ihnen lernen, Vielfalt wirklich zu leben.

Das soziale Umfeld hat für die Angehörigen der Generation Y den höchsten Stellenwert im Job und ist ihnen viel wichtiger als Karriere oder Verdienst. Sie möchten gern den ganzen Tag von Freund*innen umgeben sein, Kolleg*innen werden zu sogenannten »Freuleg*innen« (= Kompositum aus Freund*innen und Kolleg*innen). Im Arbeitsumfeld wollen sie auf Gleichgesinnte treffen, die ihre Leidenschaften und Ziele teilen. Ein gegenseitiger Austausch findet idealerweise in ungezwungener Atmosphäre statt, während und nach der eigentlichen Arbeitszeit: Genau das zeichnet das von ihnen gelebte Work-Life-Blending aus, eben das *eine* erfüllte Leben. »Team-

57 Tavolato: Aktives Generationen-Management, S. 50 und Mangelsdorf: Von Baby-Boomer bis Generation Z, S. 48, 69/70, 132/133.

work makes the dream work« beschreibt ihr Leitbild treffend, denn sie lieben es, im Team zu arbeiten, und sind keine Einzelkämpfer*innen (ganz im Gegensatz zur Generation X, was beidseitig auf Unverständnis stößt und zu Konflikten führen kann). Um diesem Bedürfnis nach Zusammengehörigkeit nachzukommen und um zwischenmenschliche Beziehungen auch unter den verschiedenen Generationen aufzubauen und zu pflegen, sollten Firmen Möglichkeiten wie Räumlichkeiten schaffen, die die soziale Interaktion am Arbeitsplatz und darüber hinaus fördern. Ein gelungener Ansatz, das intergenerative Zusammenwachsen zu begünstigen, stellt für Millennials Coaching und Mentoring dar: Yler sind aufgeschlossen und lernen gerne von Erfahrenen.[58]

2.5 Innere Motivation

Alles zu jeder Zeit – vier Wörter, die die Haltung der Generation Y pointiert beschreiben. Wir haben bereits erfahren, dass sie stets unbegrenzten Zugang zu Wissen und Information hatten, ihnen gleichzeitig jegliche Möglichkeiten offenstanden und ihr Selbstvertrauen schon in jungen Jahren gestärkt und gefestigt wurde. Die Mehrheit von ihnen ist zudem hervorragend qualifiziert und ausgebildet. Flexibilität, Mobilität und Innovationsbereitschaft zeichnen sie aus wie keine andere Generation.[59]

Glück durch Geld ist für Millennials eine Illusion. Das heißt: Vergütung, Gehaltserhöhungen und Prämien sind zwar ein wichtiger Faktor, um Frust, Demotivation oder eine Kündigung zu vermeiden, sie fördern aber nicht automatisch die Motivation eines Millennials. Deutlich reizvoller finden sie »Rundum-sorglos-Pakete« mit gesunden Snacks in einer stylischen Cafeteria, Gutscheine für Sprachkurse, für Fitnessstudios oder andere Lifestyleangebote, die Vermittlung von Kinderbetreuung und Haushaltshilfen oder Versicherungsberatung – alles, was hilft, den Alltag zu erleichtern, kommt bei ihnen sehr gut an.[60] Verständlich, dass Unternehmen wie Google oder Apple in den Arbeitgeberrankings bei der Generation Y regelmäßig auf den ersten Plätzen landen, da sie – neben Lounges, Spielräumen mit Kicker, Relax- und Ruhezonen – mit starken Unternehmenswerten aufwarten, Orientierung vermitteln und dabei auch Verantwortung für Umwelt und Gesellschaft signalisieren. Beliebt sind Firmen wie Google – neben den oben genannten, für Millennials hoch attraktiven New-Work-Benefits – auch deswegen, weil sie dem großen Wunsch dieser Generation nach absoluter Flexibilität nachkommen, in dem sie ihren Mitarbeitenden vollkommene Freiheit bei der Arbeitszeitgestaltung lassen und sie mit der neuesten Technik, also unter anderem den modernsten Laptops und schnellstmöglichem Internet zu Hause ausstatten. Flexible Arbeitszeitmodelle und Vertrauensarbeitszeit sind damit wesentliche Treiber, um dem Bedürfnis der Millennials nach selbstbestimmter Verknüpfung von Arbeit und Freizeit zu entsprechen.[61]

58 Mangelsdorf: Von Baby-Boomer bis Generation Z, S. 48, 60, 69/70.
59 Tavolato: Aktives Generationen-Management, S. 52/53.
60 Mangelsdorf: Von Baby-Boomer bis Generation Z, S. 133.
61 Klaffke: Generationen-Management, S. 66/67.

Hoch motiviert sind Vertreter*innen der Y-Generation auch dann, wenn eine emotionale Bindung zu Arbeitgeber, Kolleg*innen und sogar Vorgesetzten entsteht. Sie möchten *erleben* (und nicht bloß sehen), mit wem sie es am Arbeitsplatz zu tun haben. Idealerweise lernt man sich persönlich kennen, aber auch virtuelle Kontakte sind beliebt.[62] Flache Hierarchien und direkte, gleichberechtigte und informelle Kommunikationswege begünstigen das Entstehen von freundschaftlichen, vertrauensvollen Beziehungen über alle Einstufungen hinweg und sind für sie die Organisationsstruktur der Zukunft.

Wer als Führungskraft Millennials motivieren möchte, tut also gut daran, ...
- an erster Stelle die emotionale Ebene zu adressieren,
- ihre individuellen Werte, Normen und Bedürfnisse zu berücksichtigen und
- Führungsbeziehungen höchst individuell und partnerschaftlich zu gestalten.

Denn: »[...] [Sie] suchen im Privat-, aber auch im Berufsleben nach Ankern. Fürsorgliche Vorgesetzte und freundliche Kollegen können ihnen Orientierung bieten und als Gegengewicht zum Entscheidungsdruck in der Multi-Optionsgesellschaft fungieren.«[63] Ein Satz, der die Generation Y beflügelt wie kein anderer, wäre: »Ich schätze dich für deinen großen Ideenreichtum. Du bist für mich ein wertvoller und unverzichtbarer Teil meines Teams.«

Was Millennials außerdem anspornt, sind eine gute Sache, für die es sich zu kämpfen lohnt, wenn ihre Ambitionen geweckt werden, eine gemeinsame Zielsetzung, Sinnstiftung, Belohnung für ihren Einsatz, zeitnahe Rückmeldung und positive Bestätigung.

Demotiviert hingegen werden sie durch autoritäre Führung, Kontrolle, starre Hierarchien, Kritik, mangelnde Fehlerkultur, Langeweile, Unterforderung, sinnlose und repetitive Aufgaben, Distanz, unpersönliches Klima, Sachlichkeit, Bürokratie, veraltete Technik, Unflexibilität, kein Raum für individuelle Karriere- und Entfaltungsmöglichkeiten.

Die folgenden Zitate von vier jungen Frauen und Männern aus der Generation Y fassen die Motivation ihrer Generation präzise zusammen:

»Mir ist es wichtig, ein gesellschaftliches Idealbild zu erfüllen.«
- Zeigen soziale Erwünschtheit beispielsweise bei Themen wie Umweltschutz oder Politik. Motivation eher durchs Außen, weniger durch innere Überzeugung – ein maßgeblicher Unterschied zur Generation Z.

»Ich möchte die Welt entdecken!«
- Hedonistisches Streben, Offenheit, weltweites Vernetztsein, Neugier und Vielfalt als großer Antreiber: Die Welt ist ein großes, globales Dorf.

62 Mangelsdorf: Von Baby-Boomer bis Generation Z, S. 47.
63 Klaffke: Generationen-Management, S. 67.

»Ich bin am liebsten 24 Stunden von Freunden umgeben.«

- Wunsch nach Zusammen- und Zugehörigkeit sowohl im Privaten als auch im Beruflichen, keine klare Trennung zwischen Arbeit und Freizeit (im Unterschied zur Generation X und Z): Die Grenzen sind fließend, das soziale Wohlgefühl und der Zusammenhalt im Jobteam sind für sie genauso wichtig wie private Freundschaften.

»Ich will unabhängig sein!«

- Wunsch nach Selbstbestimmung und (Entscheidungs-)Freiheit, um flexibel zu bleiben. Auch: sich nicht festlegen wollen, nicht in eine vorgegebene Schablone pressen lassen, alle Möglichkeiten haben und sie nutzen.

»Ich frage mich oft, ob mein Job gerade wirklich das Richtige für mich ist.«

- Immer auf Sinnsuche und Streben nach dem Ideal (ob Beruf, Partnerschaft, Freizeit). Bestehendes wird hinterfragt und auf den Prüfstand gestellt. Das kann Stress auslösen: »Wer bei allem, was einem wichtig ist, eine Resonanz in sich selbst sucht, ist in Gefahr, an sich selbst zu verzweifeln. [...] Deshalb ist die Generation [Y] einerseits selbstbewusst gegenüber Arbeitgebern und Autoritäten, aber verzagt gegenüber sich selbst.«[64]

2.6 Ein Blick in die Lebenswelt

Abb. 11: Generation Y: Visionboard Sara (Fotos: Instagram/Caro Daur, Shape Magazin, Pinterest, Joy Magazin, Pexels, Unsplash)

64 Tavolato: Aktives Generationen-Management, S. 92.

Sara, 32: »Du musst dich nicht entscheiden, wenn du 1.000 Träume hast!«

- lebt in einem hippen Stadtteil von Hamburg in einer kleinen, instagramwürdig eingerichteten Zweizimmerwohnung, dekoriert oft und begeistert um
- arbeitet seit zwei Jahren bei »About You« Vollzeit als Digital Content Creator, würde gern Teamlead werden, möchte mehr Gehalt, eine Vier-Tage-Woche oder mehr Homeoffice
- verdient aktuell 3.100 Euro
- hat nach dem Abi Marketing studiert, danach ist sie bei einer Werbeagentur eingestiegen; der Zwölf-Stunden-Job hat sie so gestresst, dass sie nach 1,5 Jahren ein Sabbatical gemacht hat (war in Australien, China und auf Bali)
- ist Single, wünscht sich aber eine feste Partnerschaft (löscht ihr Tinder-Profil regelmäßig und aktiviert es wieder), hatte schon mehrere Beziehungen (mal hat sie, mal er Schluss gemacht)
- möchte gerne Kinder und eine eigene Familie, träumt von einem umgebauten Bauernhof im Skandi-Stil im Alten Land, mit Apfelbäumen im Garten und eigenen Hühnern
- hat einen großen Freundeskreis, mit dem sie viel unternimmt (feiern, reisen, Restaurants und Bars testen, neue Drinks ausprobieren)
- ist eine Scanner-Persönlichkeit: Sie sprüht vor Ideen und interessiert sich für eine Bandbreite von Themen, Projekten und Jobs
- ist immer auf der Suche nach dem neuesten, möglichst schnellen und effektiven Trend-Work-out (Antreiber Selbstoptimierung)
- Sport macht sie in erster Linie, um gut auszusehen und schlank zu sein (innerer Wunsch), nach außen betont sie, dass ihr ein healthy Lifestyle wichtig ist
- macht jeden Food-Trend mit, Neues findet sie grundsätzlich cool und spannend (Antreiber Selbstoptimierung)
- ihre beste Freundin ist ihre »Work Wifey« (= Arbeitsehefrau)
- eine gute Work-Life-Balance ist ihr extrem wichtig
- in ihre Sprache mischen sich viele englische Wörter wie random, safe, instant, nice, whatever, ...
- zweifelt heimlich an sich selbst, gesteht dies aber sich selbst gegenüber nicht so gern ein und anderen nur, wenn sie ihr das Gefühl von Sicherheit, Verständnis und gleichem Empfinden geben
- lästert manchmal mit Freundinnen über andere, um sich selbst von ihrer eigenen inneren Unsicherheit abzulenken (Stichwort: Selbsterhöhung)
- holt sich viel Inspiration via Instagram und in diversen Lifestylemagazinen: Trends, Food, Ernährung, Fitness, Fashion, Beauty, Reisen, Lifestyle
- ist bekennender Fashion Addict (liebt Online- und Real-Life-Shopping)
- feiert neueste Beauty-Trends und testet mit Leidenschaft Masken, Make-up & Co.
- schaut Youtube-Tutorials und folgt Beauty-Influencerinnen zur Inspiration
- reist total gern, macht mindestens zweimal im Jahr einen größeren Urlaub mit ihrer besten Freundin oder lieb gewonnenen Kolleginnen zu instagramwürdigen Zielen, dazwischen Wochenendtrips (Wellness oder coole Städte)

- ihr Smartphone ist immer bei ihr (Nutzung aktiv zur Selbstinszenierung und passiv zur Inspiration, sie folgt unter anderem @carodaur, @farinaopoku, @carmushka)
- hat immer wieder neue Idole, denen sie folgt, passend zu ihrer jeweiligen Lebensphase, in der sie sich befindet (zum Beispiel #pov, #thefutureisfemale, #bananabread, #cottagecore, #plantlady)
- Phasen werden exzessiv ausgelebt, sind aber kurzlebig, wechseln schnell und häufig ab
- der Tag hat für sie zu wenig Stunden, sie ist ein »Freizeit-Workaholic«, plant ihre Tage gerne perfekt durch (will möglichst viel mitnehmen, machen und erleben)
- will ihre Lifegoals erreichen
- Erholung und Ruhe kommen oft zu kurz, sie wünscht sich mehr »Me-Time« und schreibt ein Bullet Journal zur Entschleunigung
- ihr Papa macht ihre Steuererklärung (»Erwachsenenzeug« delegiert sie immer noch gerne an ihre Eltern)

Abb. 12: Generation Y: Visionboard Leon (Fotos: Canva, Unsplash, PR (Hotel Tortue Hamburg), Pexels, Pinterest)

Leon, 29: »Arbeit muss vor allem Spaß machen!«

- lebt in einer Dreier-Jungs-WG in Berlin
- hat nach dem Abi einen MBA in Innovation und Business Creation gemacht, danach mehrere Praktika und Projekte in diversen Firmen ohne lange Festanstellung
- die ständige Kontrolle seiner Vorgesetzten hat ihn total genervt, auch mit Gehalt und befristeten Arbeitsverträgen war er echt unzufrieden

- hat jetzt mit seinen zwei besten Freunden ein Start-up gegründet (»Beerlin«, Onlineshop für lokale Craft Biere), haben vielleicht einen Mega-Deal mit einem Investor in Aussicht
- endlich hat er damit einen Job, der ihm richtig Spaß macht
- er liebt das Teamwork mit seinen Jungs und die Freiheit und Selbstbestimmung als Gründer
- arbeitet nebenbei als Barkeeper, mag das Nachtleben in Berlin
- er hat etwa 800 bis 1500 Euro »Spielgeld« im Monat zur Verfügung
- träumt von einem eigenen Laden und legt dafür etwas Geld zur Seite (korrekt durchgeplante Anlagestrategien etc. sind allerdings nicht sein Ding)
- seine Lieblingsmöbel in seinem Zimmer sind ein cooler Retrosessel und ein Plattenspielerschrank vom Flohmarkt
- er hat seit einem Jahr eine Freundin: Mit ihr kann er sich alles vorstellen (Hochzeit, Kinder), will sich aber nicht unter Druck setzen lassen
- am Wochenende besucht er regelmäßig seine Eltern, seine Mama versorgt ihn dann mit Essen für die Woche (findet er zwar nicht unbedingt notwendig, aber praktisch)
- Mama und Papa halten ihm immer den Rücken frei, sind stolz auf ihren einzigen Sohn
- er will möglichst viele Länder kennenlernen und viel reisen
- er hat immer ein Projekt am Laufen (als Nächstes möchte er eine Lounge-Area für den Balkon aus Paletten bauen)
- Sport macht er nicht für einen krassen, trainierten Body, sondern vor allem aus Spaß (Fußball mit Freunden, Beachvolleyball)
- Kochen ist nicht wirklich seine Leidenschaft, er steht auf Fast Food (aber man sieht es ihm nicht an), den Instagram-Food-Wahn seiner Freundin belächelt er ein bisschen
- mit seiner Freundin liebt er Netflix & Chill, er entdeckt mit ihr aber auch gern unbekannte Highlights in der Umgebung oder geht mit ihr auf Konzerte (zum Beispiel Kraftklub)
- er war bisher wenig politisch engagiert, in den letzten Jahren haben ihn allerdings soziale Netzwerke für das Thema Klimawandel immer mehr sensibilisiert
- er macht sich daher ein Stück weit Sorgen, wie sicher die Zukunft für ihn ist
- sein Smartphone ist seine wichtigste Informationsquelle und Kommunikationsplattform, er nutzt Social Media nicht zur privaten Selbstdarstellung, aber fürs Business
- lacht gern über schräge Youtube-Videos
- für ihre Website und Social-Media-Channels kreieren die drei Gründer selbst regelmäßig witzigen Video-Content
- im aktuellen Job und in seiner Beziehung fühlt er sich zwar gerade richtig wohl, weiß aber dennoch nicht, ob er schon wirklich angekommen ist und ob er überhaupt ankommen möchte
- grundsätzlich blickt er aber positiv und zuversichtlich in seine Zukunft

Kommen Ihnen die beschriebenen Millennials bekannt vor? Natürlich sind Sara und Leon fiktive Charaktere. Sie fungieren jedoch als Einladung, sich mit ihnen zu identifizieren, Ähnlichkeiten oder Muster zu erkennen und einen Zugang zu ihrer Generation zu ermöglichen (wenn Sie aus einer anderen stammen).

3 Generation Z

Abschließend werden wir uns in unserer intensiven Generationenanalyse nun der dritten und jüngsten Generation Z widmen. Auch hier bieten die folgenden Visualisierungen eine kurze grafische Zusammenfassung der Eckdaten sowie der betrachteten Aspekte dieser Generation:

Abb. 13: Generation Z: Übersicht (Fotos: Unsplash)

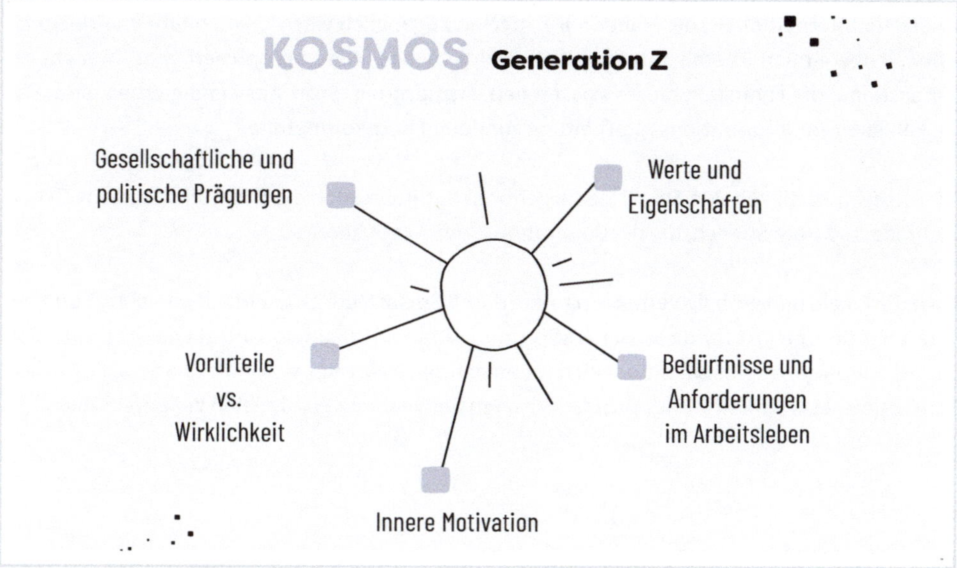

Abb. 14: Generation Z: Kosmos

3.1 Gesellschaftliche und politische Prägungen

Als Generation Z werden in der Literatur meist die nach 1995 Geborenen bezeichnet. Auch wir geben dieser Generation den zeitlichen Rahmen der Geburtsjahre 1995–2010, obwohl sich – wie schon mehrfach betont – keine scharfe zeitliche Trennlinie zwischen den Generationen ziehen lässt. Die Eltern der Generation Z sind mehrheitlich der Generation X und den Babyboomern zuzuordnen.

Die wohl größte gesellschaftliche und politische Prägung der Generation Z ist die Allgegenwärtigkeit von Social Media. Die Generation Z ist die erste Generation wirklicher Digital Natives, die bereits im Kleinkindalter lernen, mit Smartphones und Tablets umzugehen – und den Umgang mit Apps, Internetrecherche, Bewegtbild und Co. deshalb auch intuitiv, perfekt und ganz selbstverständlich beherrschen. Diese Generation wurde in eine digitale Welt hineingeboren und musste sich diese – im Gegensatz zu den Vorgängergenerationen – nicht erst (teilweise mühsam) aneignen.

Dieser spielerische Umgang mit Social Media hat natürlich auch Auswirkungen auf das Berufsleben (s. auch Kapitel 3.4). Fast jedes Unternehmen präsentiert sich heute auf Instagram, Facebook, LinkedIn & Co. Eine Generation Z, die bereits zahlreiche Instagramstories veröffentlicht und Reaktionen darauf gesehen hat, hat ein außerordentlich gutes Gespür dafür, was medial funktioniert und was nicht. Das kommt ihr auch beruflich zugute.[65] Untersuchungen zeigen allerdings auch, dass die Aufmerksamkeitsspanne und die Konzentrationsfähigkeit dieser Generation durch die massive Internetnutzung vergleichsweise gering ist. Die Mitglieder dieser Generation haben nicht nur völlig neue Möglichkeiten der Kommunikation und Selbstdarstellung, sie sind auch daran gewöhnt, Informationen sofort und überall zu erhalten und auszutauschen. Informationen, die früher nur Experten zugänglich waren, sind heute im Prinzip für jeden, jederzeit und überall abrufbar. Weil ständig neues Wissen produziert wird, braucht die Generation Z die Fähigkeit, dieses Wissen neu einzuordnen. Statt Auswendiglernen wird also die Fähigkeit zur Informationsverarbeitung zur neuen Kernkompetenz.[66]

Zur Allgegenwärtigkeit von Social Media gehören natürlich auch die Schattenseiten wie Cybermobbing und Hate Speech, die die Generation Z nur zu gut kennt.

Auch die lokale und globale Vernetzung – die durch Social Media wesentlich erleichtert und befeuert wurde – gehört für diese Generation zum Alltag. Virtuelle und »Real Life«-Freundschaften existieren ganz selbstverständlich nebeneinander. Hier zeigt sich ganz deutlich, dass diese Generation als erste keine Abgrenzung zwischen der virtuellen und realen Welt mehr macht.

65 Hurrelmann/Albrecht: Generation Greta, S. 103.
66 Hurrelmann/Albrecht: Generation Greta, S. 216.

Das gesellschaftliche Engagement der Generation Z ist explizit, klar und laut. Die Generation der »Post-Millennials« sieht sich vom Klimawandel bedroht und versucht, die politisch Verantwortlichen unter Druck zu setzen. »Die Millennials waren Ego-Taktiker, sie sind Öko-Taktiker. Die Millennials waren leise, sie sind laut. [...] Ihre Forderungen hallen [...] von den Plätzen der Republik. Ihr Vertrauen in die Regierung ist dabei denkbar gering.«[67] Vor allem der Wandel auf dem Arbeitsmarkt gibt der Generation Z dabei den nötigen Freiraum zum politischen Engagement. Im Vergleich zu den Vorgängergenerationen hat die Generation Z ihre Sorge verloren, einen Arbeitsplatz zu bekommen. Die deutsche Wirtschaft ist gewachsen, hinzu kommt der demografische Wandel: Die geburtenstarken Babyboomer werden in den kommenden Jahren in Rente gehen und eine klaffende Lücke hinterlassen: Auf 1,4 Millionen Babyboomer kommen nicht einmal 750.000 Angehörige der Generation Z. Für viele Jahre werden also deutlich mehr Menschen in den Ruhestand gehen, als Nachwuchs in die Firmen strömt. Schon heute wird teilweise verzweifelt nach Nachwuchskräften gesucht (vielfach als »War for Talents« beschrieben), ab Mitte der 2020er Jahre wird eine echte Arbeitskräfteknappheit erwartet. Die Generation Z blickt deshalb ohne berufliche Existenzsorgen in die Zukunft.[68] Während sich die Generation Y noch um ihren Berufseinstieg sorgte und sich oft von Praktikum zu Praktikum hangelte, plagen ihre Nachfolger der Generation Z diese Sorgen nicht mehr – vor allem wenn sie zu den etwa 50 % ihres Jahrgangs gehören, die das (Fach-)Abitur in der Tasche haben.

Genauso vielfältig wie ihre Mitglieder (dazu mehr in Kapitel 3.2) sind auch die Möglichkeiten, die dieser Generation heute offenstehen. Während ihre Eltern noch zwischen etwa 300 Studiengängen wählen konnten, sind es heute inzwischen über 12.000 Bachelorangebote, aus denen die jungen Menschen den passenden für sich auswählen müssen und dabei idealerweise auch schon einen Blick auf die etwa 8.000 Masterstudiengänge werfen. Hinzu kommen etwa 400 Ausbildungsmöglichkeiten im dualen System. Was auf den ersten Blick positiv und bereichernd wirkt, erzeugt aber auch Druck. Die Generation Z leidet deshalb oft an zu vielen Optionen.[69] Zu diesem Druck der multiplen Entscheidungsmöglichkeiten, erleben Zler auch einen angestiegenen Druck auf Leistungs- und Bildungsebene: Sie nehmen wahr, dass der Wert eines Menschen zunehmend nach Leistung beziehungsweise (Aus-)Bildung bemessen wird. Erste gesundheitliche und psychische Probleme als Folge dieses vermehrten Drucks sind bereits erkennbar.[70]

Auswirkungen der vielfältigen Möglichkeiten machen sich auch in den privaten Beziehungen der Generation Z bemerkbar. Die »Generation Unverbindlich« tut sich schwerer als andere Generationen, sich festzulegen oder sich fest an eine Person zu binden. Bei der Vielzahl an Optionen könnte man ja schließlich eine*n noch bessere*n, noch optimalere*n, noch schönere*n Partner*in begegnen.[71] Psycholog*innen sprechen in diesem Zusammenhang von einer »Kultur

67 Hurrelmann/Albrecht: Generation Greta, S. 17.

68 Hurrelmann/Albrecht: Generation Greta, S. 24/25.

69 Hurrelmann/Albrecht: Generation Greta, S. 195.

70 Klaffke: Generationen-Management, S. 76.

71 https://www.tres-click.com/generation-unverbindlich-wieso-wir-so-haeufig-nicht-beziehungen-fuehren/ (29.06.2023); https://www.bealapanthere.de/personal-warum-wir-als-generation-unverbindlich-gelten/ (29.06.2023)

des Zögerns«: »Irgendwo könnte immer noch ein besserer Job warten, ein tollerer Partner, ein glücklicheres Leben.«[72] Bei allen Unterschieden ist der innere Druck, der durch diese Multi-Optionalität ausgelöst wird, eine deutliche Parallele zur Generation Y.

Über prägende historisch-gesellschaftliche Ereignisse können derzeit noch keine finalen Aussagen getroffen werden, da die prägende Phase dieser Generation noch nicht abgeschlossen ist. Grundsätzlich lässt sich aber feststellen, dass die Mitglieder der Generation Z »[...] viel bewusster als früher [...] als eigenständige Subjekte, als Akteure und Ko-Produzenten ihrer eigenen Entwicklung inmitten einer globalisierten und medial geprägten Welt wahrgenommen werden. [...] Erkennbar ist somit eine Kinderzentrierung und stärkere gesellschaftliche Beachtung der Generation Z, die werte- und verhaltensprägend wirken und später möglicherweise auch Einfluss auf ihre Erwartungen an das Arbeitsleben haben dürften.«[73] Bestärkend wirkt hier auch das besonders innige Verhältnis der Zler zu ihren Eltern, auf welches wir in Kapitel 3.2 noch näher eingehen werden.

Inwiefern die Generation Z durch die Coronapandemie nachhaltig beeinflusst sein wird, lässt sich aktuell noch nicht abschließend beurteilen. Es ist allerdings stark zu vermuten, dass die jungen Menschen durch zwei intensive Jahre voller Sorgen um sich und die Angehörigen und häufige Isolation von Freunden und Kollegen tief geprägt wurden. Durch die Pandemie haben die jungen Menschen eine aufregende Phase, in der normalerweise viel Neues passiert (Liebe, Freundschaften, Umzug, Ausbildung, Arbeit, Reisen etc.), nur sehr reduziert erlebt, Auslandsreisen oder -semester waren nicht oder kaum möglich, Studium, Schule und Freundschaften oft nur digital erlebbar. Diese soziale Isolation sowie die Angst um die eigene Gesundheit und die der Angehörigen haben zu einem Anstieg psychischer Erkrankungen wie Angstzuständen, Depressionen, Schlafstörungen etc. geführt. Außerdem hat sich bei vielen jungen Menschen eine Art Verpassungsangst (»FOMO« = Fear Of Missing Out) entwickelt oder verstärkt. »Meine Freund*innen und ich haben das Gefühl, zwei Jahre unseres Lebens verpasst zu haben, die man nicht mehr wiederbekommt. Man kann nur versuchen, diese Zeit irgendwie nachzuholen, und möchte deshalb jetzt bei möglichst allem dabei sein«, beschreibt die 23-jährige Studentin Sophie aus Berlin den Seelenzustand ihrer Generation.

Grundsätzlich ist das Krisenbewusstsein dieser Generation stark ausgeprägt. Ob Finanzkrise, Wirtschaftskrise, Energiekrise, politische Krisen, Fukushima, Flüchtlingsbewegungen, die immer größer werdende Kluft zwischen Arm und Reich oder die Coronapandemie diese Generation widerstandsfähiger machen oder zu einem Ohnmachtsgefühl führen werden, wird sich erst noch zeigen. Klar ist aber heute schon, dass die genannten Krisen den Wunsch nach Sicherheit und Stabilität in dieser Generation fördern (s. auch Kapitel 3.4).

72 Rump/Eilers: Die jüngere Generation in einer alternden Arbeitswelt, S. 93.
73 Klaffke: Generationen-Management, S. 14.

3.2 Werte und Eigenschaften

Während sich die Generation X durch Skepsis und die Generation Y durch Optimismus auszeichnet, ist der wichtigste Wert der Generation Z der Realismus, der durch die eben beschriebenen gesellschaftlichen Krisen und die Prägung durch die elterliche Generation X (vgl. Kapitel 1) unterstützt wurde.

Die Generation Z lässt – ähnlich wie ihre Elterngeneration – eine pragmatische Vielfalt an Werten erkennen. Bedürfnisse nach Sicherheit und Orientierung werden ergänzt durch Ehrgeiz, Leistungsorientierung und den Wunsch nach Abwechslung.[74]

Die Wissenschaft spricht im Zusammenhang mit der jungen Generation von einer »Renaissance der alten Werte«. Gemeint ist hier aber nicht ein Rückschritt in die Welt der 50er Jahre, sondern eine Anpassung traditioneller Werte an die Gegebenheiten der Gegenwart. Die Generation Z zeigt ein »spannungsreiches Persönlichkeitsprofil«, ihre Mitglieder können gleichzeitig diszipliniert und kommunikativ, durchsetzungsfähig und kooperativ, fleißig und sensibel, aktiv und kreativ sein. Leistung und Daseinsgenuss stehen als gleichberechtigte Werte nebeneinander, genauso wie die Werte Vertrauen, Verantwortung, Sicherheit, Pflichterfüllung und Altruismus neben den Werten Selbstverwirklichung, Wissenserweiterung und Aktivität existieren.[75]

Auch wenn die Angehörigen der Generation Z deutlich und direkt sagen, was sie denken, ist diese Generation (im Privaten) nicht auf Konfrontation aus. Im Gegenteil: Sie plädiert für eine Allianz mit den Eltern und Großeltern. »Noch nie war das Verhältnis zwischen Eltern und Kindern so harmonisch wie heute.«[76] Die Elterngeneration X wird zwar in vielen Dingen in Haftung genommen, ihr Verhalten wird aber auch gleichzeitig entschuldigt und damit ein offener Konflikt vermieden. Der Grund: Junge Menschen verstehen sich heute so gut mit ihren Eltern, wie schon lange nicht mehr. Es gibt ein tiefes Einverständnis, mit dem die Generation Z und ihre Eltern (oft aus der Generation X) gemeinsam ihren Alltag gestalten. Hieraus ergibt sich auch eine riesengroße Chance für eine Solidarität zwischen den Generationen. Zler schätzen ihre Mütter und Väter als wichtige Ratgeber und Unterstützer, gleichzeitig möchten sie ihre Eltern z. B. in Umwelt- oder Genderfragen »erziehen«. Die Generation Z nimmt ihre Eltern ernst, möchte aber auch selbst ernst genommen werden: »Sie sucht den Schulterschluss, keinen Generationenkonflikt.«[77] Es wird immer selbstverständlicher, dass Eltern heute mit ihren erwachsenen Kindern in den Urlaub fahren, während frühere Generationen ein letztes Mal mit 16 mit den Eltern verreisten. Immerhin 1/3 der 22- bis 25-Jährigen wohnt noch zu Hause und genießt den Komfort der elterlichen Wohnung. Diese strategische Allianz basiert auch auf wirtschaftlichen Gründen. Aber nicht nur: Die Eltern sind überfürsorglich, tolerant und offen – da gehen die Kin-

---

74 Klaffke: Generationen-Management, S. 73.
75 Rump/Eilers: Die jüngere Generation in einer alternden Arbeitswelt, S. 132/133.
76 Hurrelmann/Albrecht: Generation Greta, S. 46.
77 Hurrelmann/Albrecht: Generation Greta, S. 60.

der gerne auf das Bleibeangebot ein und nehmen die Lebens-, Liebes- und Arbeitsberatung gerne an.[78]

Insgesamt ist festzustellen, dass die Generation Z weniger als frühere Generationen das Bedürfnis hat, sich von ihren Eltern abzugrenzen. Umgekehrt sind auch die Eltern weniger darauf bedacht, Grenzen zu setzen und Handlungsrichtlinien vorzugeben. Die Abgrenzung findet hier vor allem über die Kompetenz im Umgang mit den Neuen Medien statt.[79]

So harmonisch diese Koalition klingt: Studien stellen fest, dass durch die Überbetreuung der »Helikopter-Eltern« die Selbstständigkeit der Generation Z leidet. Junge Leute sind unsicher und entscheidungsschwach, kennen ihre Stärken und Schwächen nicht. Eltern werden ständig konsultiert, sind nicht nur Berufs-, sondern auch Lebensberater.[80] Diese Tatsache wird sich natürlich auch auf das Verhalten der Generation Z am Arbeitsplatz auswirken (dazu mehr in Kapitel 3.4).

Aus diesem veränderten Erziehungsauftrag folgt auch, dass diese Generation vermehrt bedürfnisorientiert aufwächst. Diese Tatsache bringt es mit sich, dass Zler häufig auch von ihren Arbeitgebern und Teamleiter*innen erwarten, bei ihren Aufgaben begleitet und angeleitet zu werden, gerade wenn sie neu an ihrem (vielleicht ersten) Arbeitsplatz sind. Fehlt diese Fürsorge, reagiert diese Generation mit Irritation, Unsicherheit und Unverständnis. Hinzu kommt, dass die Vertreter dieser Generation durch kürzere Schul- und Ausbildungszeiten früher ins Erwerbsleben eintreten und so ihren persönlichen Reifeprozess noch nicht abgeschlossen haben. Arbeitgeber und Teamleiter*innen sollten also einen höheren Einarbeitungsaufwand erwarten, auch weil die heute üblichen Bachelorstudiengänge sehr verschult sind und wenig Raum für Selbstorganisation und Eigeninitiative lassen.[81] Proaktives Handeln ist für die Mitglieder dieser Generation eher unüblich, sie erwarten von ihren Vorgesetzten klare Aufträge über die erwarteten Ziele, idealerweise Anweisungen bezüglich der Vorgehensweise und eine Begleitung auf diesem Weg. Diese Betreuung sind sie aus Schule und Elternhaus gewöhnt und erwarten sie ganz selbstverständlich auch von ihrem Arbeitgeber. Aus einer New-Work-Studie geht klar hervor, dass es der Generation Z von allen Generationen am wichtigsten ist, konkrete Vorgaben von ihren Führungskräften zu erhalten.[82]

Die Digitalisierung des Alltags (s. Kapitel 3.1) führt auch zu einer Akzentuierung von Kompetenzen und Werten. Hierzu gehören Autonomie, Flexibilität und der Wunsch nach Transparenz.[83]

78 Hurrelmann/Albrecht: Generation Greta, S. 227/228.
79 Klaffke: Generationen-Management, S. 72.
80 Kring/Hurrelmann: Die Generation Z erfolgreich gewinnen, führen, binden, S. 20.
81 Klaffke: Generationen-Management, S. 78 und Tavolato: Aktives Generationen-Management, S. 56.
82 Jobst-Jürgens: New Work, S. 84/85.
83 Klaffke: Generationen-Management, S. 70.

Die Generation Z ist vielfältig und offen wie keine vor ihr. Diversität ist so auch ganz klar einer ihrer Hauptwerte. Die Angehörigen dieser Generation nehmen Menschen so an, wie sie sind. Diesem Themenkomplex zugehörig ist auch ein weiterer wichtiger Wert: die Inklusion. Es gilt als Common Sense dieser Generation, dass Menschen aufgrund ihres Aussehens, ihrer sexuellen Orientierung oder ihrer Lebensweise nicht ausgeschlossen, sondern ganz selbstverständlich in die Gesellschaft integriert werden. Natürlich gelingt dies auch heute noch nicht zu 100 %, dennoch ist der Anspruch dieser Generation deutlich spürbar. Ebenfalls diesem Themenkomplex zugehörig: die Werte Gleichberechtigung und offener Dialog. Zlern ist es extrem wichtig, dass alle Menschen, Haltungen, Orientierungen und Meinungen in die Gesellschaft integriert und von dieser auch gehört werden. Hierzu zählt auch das politische und soziale Engagement, das diese Generation besonders auszeichnet und welches wir bereits in Kapitel 3.1 thematisiert haben.

Ein weiterer wichtiger Wert und Eckpfeiler der Generation Z ist die Individualität. Ihre Mitglieder sind authentisch, stehen zu ihrem eigenen Stil, zu ihren Bedürfnissen und zu ihrer Lebensweise, leben und geben sich wesentlich weniger uniformistisch als noch ihre Vorgängergenerationen. Durch die Vielfalt an Möglichkeiten, die dieser Generation offenstehen, haben ihre Mitglieder sicher gute Startbedingungen, diese Möglichkeiten auch individualisiert auszuleben.

Auch wenn die Generation Z von den Eltern sehr behütet und in allen Lebenslagen beraten wurde (wie bereits beschrieben), stehen bei ihr Werte wie Selbstbestimmung und Freiheit hoch im Kurs. Dank ihrer Xer-Eltern sind Zler praktisch und geradlinig veranlagt, Integrität und Klarheit sind wichtig, um ihr Vertrauen zu gewinnen. Da ihre Eltern ihnen durchaus eine klare Zielorientierung und konkrete Handlungsweisen vorgelebt haben, sind sie (wie ihre Eltern) durchaus effizienzgetrieben.[84]

Ganz besonders weist die Generation Z einen starken Wunsch nach Stabilität, Ordnung und Struktur in einer unbeständigen Welt (s. auch Kapitel 3.1) auf. Dass auch der Wert der Familie wieder eine große Bedeutung innehat, ist sicherlich auch diesem Wunsch nach Stabilität, Ordnung und Struktur geschuldet und verwundert in dem Zusammenhang nicht. Dies bedeutet aber keineswegs, dass die jungen Frauen der Generation Z wieder in die klassisch tradierten Rollenmodelle abtauchen möchten, was wir in Kapitel 3.4 noch näher beleuchten werden.

Zusammengefasst sind Zler häufig: realistisch, vielfältig, global, hypervernetzt, tolerant, integer, familiär, hilfsbereit, engagiert.

Werte dieser Generation sind: Diversität, Individualität, Inklusion, Selbstbestimmung, Gleichberechtigung, Offenheit, Sinn, Nachhaltigkeit, soziales und politisches Engagement, Stabilität, Familie.

84 Mangelsdorf: Von Babyboomer bis Generation Z, S. 62–96.

3.3 Vorurteile vs. Wirklichkeit

In Kapitel 1.3 haben wir bereits beschrieben, inwiefern Stereotype über die einzelnen Generationen dazu dienen können, die Komplexität zu reduzieren. Leider führen sie aber auch immer wieder zu Vorurteilen, die sich hartnäckig halten. Fakt ist: Die jungen Arbeitnehmer*innen, die jetzt in das Erwerbsleben eintreten, ticken ersten Studien zufolge ganz anders als die Mitglieder vorheriger Generationen.[85] Dies haben wir in den vorstehenden Kapiteln bereits eingehend beleuchtet.

Im Folgenden wollen wir drei gängige Vorurteile über die Generation Z mit der Wirklichkeit konfrontieren:

Vorurteil 1: »Ihr wollt doch nur zurück an den Herd.«

Die Wirklichkeit: Viele junge Frauen der Generation Z sind beruflich sehr ambitioniert und wünschen sich eine Vereinbarkeit von Familie und Beruf. Aber nicht um jeden Preis. Sind die Kinder noch sehr klein und ist eine adäquate Betreuung nicht gesichert, bevorzugen die berufstätigen jungen Mütter der Generation Z eher eine klassische Rollenverteilung und plädieren nicht unbedingt dafür, sich Kinder und Karriere gerecht mit dem Partner zu teilen. Nein, sie wollen deshalb nicht zurück an den Herd und schon gar nicht in die alte Lebenswelt der 50er Jahre zurückfallen. Der Hang zur traditionellen Rollenverteilung begründet sich eher durch ihr großes Bedürfnis nach Struktur und Sicherheit in einer unsicheren Welt. In Kapitel 3.4 werden wir dieses Thema näher betrachten.

Vorurteil 2: »Ihr hängt sowieso nur am Handy und habt keine echten Freunde!«

Die Wirklichkeit: Ja, die Zeit, die Jugendliche und junge Erwachsene am Handy verbringen (und hier meist auf Social Media), steigt seit Generationen kontinuierlich an. Parallel dazu sinkt der Gebrauch anderer Medien wie Fernsehen, Radio oder Zeitschriften. Je jünger die Nutzer, desto höher die Zeit und Bedeutung, die Social Media geschenkt wird. Laut ARD-ZDF-Onlinestudie stieg die Internetnutzung zwischen 2011 und 2021 von 137 auf 227 Minuten täglich an.[86] In Kapitel 3.1 haben wir bereits gesehen, dass die Generation Z die erste Generation der wirklichen Digital Natives ist, die in eine digitale Welt hineingeboren wurde und sich diese nicht erst aneignen musste. Der Umgang mit Internet und Apps ist heute schon im Kindergartenalter verbreitet. Die Allgegenwärtigkeit von Social Media mit all ihren Vorzügen und Schattenseiten ist für diese Generation völlig normal und gelernt. Informationen sind 24/7 abrufbar, Menschen

85 Klaffke: Generationen-Management, S. 5.

86 https://www.ard-zdf-onlinestudie.de; https://www.horizont.net/medien/nachrichten/studie-generation-z-verbringt-mehr-zeit-mit-social-media-als-mit-fernsehen-179851 (29.06.2023); https://www.zeit.de/digital/internet/2018-03/social-media-dak-studie-instagram-whatsapp-sucht-jugendliche?utm_referrer=https%3A%2F%2Fwww.google.com%2F (29.06.2023); https://de.statista.com/themen/2662/mediennutzung-von-jugendlichen/#topicHeader__wrapper (29.06.2023)

24/7 auch über Zeitzonen hinweg erreichbar. Durch die Omnipräsenz von Social Media, die Selbstverständlichkeit des Umgangs damit und die permanente, sehr persönliche Darstellung auf den entsprechenden Kanälen, schließen Zler nicht nur im echten Leben Freundschaften, sondern auch ganz intuitiv auf Kanälen wie WhatsApp, Instagram, Facebook oder TikTok. Diese Freundschaften werden ganz intuitiv neben Freundschaften aus dem echten Leben geführt. Da die Generation Z in einer digitalen Welt aufgewachsen ist, macht sie als erste Generation keinerlei Unterschied mehr zwischen der realen und virtuellen Welt. Für die Generation Z sind Freundschaften, die auf Instagram & Co. geschlossen wurden, genauso »echt« wie Freundschaften aus Schule, Uni, Arbeit & Co.

Vorurteil 3: »Wir Älteren sind für euch eh immer die Buhmänner.«

Die Wirklichkeit: Ja, die Generation Z spricht auch unbequeme Wahrheiten an und legt den Finger gerne mal in die Wunde. Aber sie ist nicht auf Konfrontation aus, sondern will den gemeinsamen Dialog und Lösungen. Da diese Generation sehr selbstbestimmt und bedürfnisorientiert aufgewachsen ist, traut sie sich, ihre Meinung, Haltung und Bedürfnisse zu äußern. Sie hat auch keine Sanktionen zu befürchten: Ihr Verhältnis zu den Eltern ist eng und auf Augenhöhe, im Arbeitskontext hat sie aufgrund der veränderten demografischen Konstellationen (s. auch Kapitel 3.1) ebenfalls eine starke Position, aus der heraus sie ihre Meinung angstfrei äußern kann – was die Generation Z (genauso wie ihre Elterngeneration X) übrigens gerne tut. Wie in Kapitel 3.1 und 3.2 bereits ausgeführt, nimmt die Generation Z zwar die älteren Generationen in Haftung (s. Klimawandelproteste), gleichzeitig nimmt sie diese aber auch häufig in Schutz, um einen offenen Konflikt zu vermeiden. Die Generation Z möchte keine Konfrontation, sondern einen Schulterschluss. Hieraus ergibt sich auch eine große Chance für eine sehr gute, generationsübergreifende Zusammenarbeit. An diesem Beispiel zeigt sich deutlich, was häufig den Unterschied in der Zusammenarbeit zwischen den Generationen macht: Wertschätzung, Respekt und Begegnung auf Augenhöhe. Wenn die jüngere Generation ihre Kritik wertschätzend und respektvoll anbringt und wenn die ältere Generation der jüngeren als Partner auf Augenhöhe begegnet, dann kann ein fruchtbarer Dialog entstehen, bei dem beide Seiten voneinander lernen und profitieren können. Nicht unterschätzen sollte die ältere Generation auch das sogenannte *Impostor-Syndrom*: Durch ein vermindertes Selbstvertrauen der jüngeren Generation gerade gegenüber älteren Kolleg*innen trauen sich die Jungen oft nicht, bei den älteren Professionals kritische Punkte anzusprechen oder zu hinterfragen.[87] Hier sollten die älteren Kolleg*innen die jungen ermutigen, ihre Meinung offen zu äußern, um einen Dialog auf Augenhöhe zu ermöglichen.

87 https://www.wuv.de/Archiv/Was-verbirgt-sich-hinter-dem-Impostor-Syndrom (29.06.2023)

3.4 Bedürfnisse und Anforderungen im Arbeitsleben

Digitalisierung und Globalisierung sind die zwei großen Trends, die das Berufsleben der Generation Z beeinflussen und gleichzeitig von ihr mitgestaltet werden. Ein »Erwachsenwerden in Zeiten von Globalisierung und Digitalisierung bedeutet die permanente Auseinandersetzung mit Offenheit und Unsicherheit. Das trainiert eine starke Fähigkeit zur Selbststeuerung, um ein weitgehend autonomes Leben zu führen.«[88]

Wenn sich die Generation Z einen Arbeitsplatz basteln könnte, sähe er wie folgt aus:

- ein Team aus netten Kolleg*innen,
- eine angemessene Bezahlung,
- eine klare Rolle,
- klare Strukturen,
- Weiterbildungen,
- eine selbstständige Arbeitszeitplanung,
- die Vereinbarkeit von Beruf und Familie und
- eine professionelle Führung.

Apropos: Die Mitglieder der Generation Z wünschen sich Vorgesetzte, die kompetent, gerecht, verständnisvoll und freundlich sind. Der oder die ideale Chef*in soll Leistung anerkennen, motivieren und offen für Vorschläge sein. In hektischen Phasen soll er/sie Ruhe ausstrahlen – möglicherweise Folge des großen Sicherheitsbedürfnisses dieser Generation.[89]

Durch den fürsorglichen Einfluss der Eltern (s. auch Kapitel 3.2) scheinen die Ansprüche dieser Generation ans Berufsleben sehr groß zu sein: Viele möchten einen Beruf, der ganz individuell auf die eigenen Bedürfnisse und Neigungen zugeschnitten ist. Sie suchen nach individueller Erfüllung und Selbstbestimmung in der beruflichen Tätigkeit. Die Arbeit soll persönlich sinnstiftend und für die Gemeinschaft nützlich sein und zugleich eine ständige und persönliche Wertschätzung mit möglichst permanentem Feedback sicherstellen. Zler erwarten außerdem klar geregelte Arbeitszeiten und stehen für Überstunden kaum zur Verfügung.[90]

Auch der Wunsch, authentisch zu sein (s. auch Kapitel 3.2), wirkt sich auf die Karrieregestaltung aus. Während die Motivation ihrer Vorgängergeneration Y sehr stark von positiver Bestätigung abhängig ist, erwartet die Generation Z vor allem ehrliches und unmittelbares Feedback, denn Authentizität ist ihnen extrem wichtig.

88 Hurrelmann/Albrecht: Generation Greta, S. 248.
89 Mangelsdorf: Von Babyboomer bis Generation Z, S. 82.
90 Kring/Hurrelmann: Die Generation Z erfolgreich gewinnen, führen, binden, S. 18/19.

Zusammenfassend legt die Generation Z also im Arbeitskontext großen Wert auf

- die Befriedigung ihres hohen Sicherheitsbedürfnisses. Sie möchte für die Zukunft abgesichert sein und wünscht sich finanzielle Unabhängigkeit und Sicherheit. Ein sicherer Arbeitsplatz steht bei der Generation Z wahrscheinlich auch deshalb so hoch im Kurs, weil ihre Mitglieder jetzt miterleben, wie ihre Eltern und die Gesellschaft unter den andauernden Wirtschafts- und Finanzkrisen (s. auch Kapitel 3.1) leiden. Ein hohes Einkommen ist dagegen für weit weniger Angehörige der Generation Z wichtig. Ähnlich wie ihre Xer-Eltern legen sie zwar Wert auf eine faire und leistungsgerechte Bezahlung, noch mehr setzen sie aber auf individuelle Belohnung, [91]
- agiles Arbeiten (Flexibilität, globales Mindset, Schnelligkeit, Individualität),
- die Sinnhaftigkeit ihres Tuns (global gedacht) und Nutzen für die Gemeinschaft,
- globales Denken (Diversität, Inklusion, Transparenz),
- Offenheit (Toleranz, Vielfältigkeit, Veränderungsbereitschaft),
- eine Abgrenzung zwischen Arbeit und Privatem,
- die Anerkennung und Wertschätzung durch Arbeitgeber und Vorgesetzte,
- persönliche Erfüllung und den Zuschnitt auf die eigenen Fähigkeiten,
- ein Mindestmaß an Selbstbestimmung,
- authentisches und unmittelbares Feedback,
- Spaß.

Leistung, Genuss und Entschleunigung im Arbeitsleben sind für diese Generation keine Gegensätze oder Widersprüche, sondern »Ausdruck einer postmodernen Wertesynthese und eines Wunsches nach stärkerer Selbstbestimmung«.[92]

Im Gegensatz zu ihrer Vorgängergeneration Y, die oft eine Verschmelzung von Privat- und Berufsleben lebte (Work-Life-Blending), ist die Arbeit zwar ein ganz klarer Bestandteil ihres Soziallebens, allerdings mit einer klaren Trennung zwischen Privat- und Berufsleben (Work-Life-Cut). Sichtbar wird hier die Parallele zu den Babyboomern und der Generation X, die ebenfalls Arbeit und Privatleben scharf trennen. Die Generation Z fordert klare Strukturen und die Rücksichtnahme auf persönliche Befindlichkeiten. Sie will sich in erster Linie im Privatleben verwirklichen (im Gegensatz zu ihrer Vorgängergeneration Y, die auch besonders beruflich nach Sinnerfüllung strebt) und erst in zweiter Linie im Arbeitsleben. Was zählt, ist »Spaß haben« – dies haben beide Generationen gemeinsam.[93]

Obwohl die jungen Frauen der Generation Z beruflich sehr ambitioniert sind, setzen sie stark auf eine gute Partnerschaft und neigen eher zu einer klassischen Rollenverteilung. Nur eine Minderheit plädiert dafür, sich Kinder und Karriere gleichberechtigt mit dem Partner zu teilen. Angesichts der Erfolge, die junge Frauen in den letzten Jahren auf den verschiedensten Ebenen

91 Mangelsdorf: Von Babyboomer bis Generation Z, S. 134.
92 Klaffke: Generationen-Management, S. 80.
93 Kring/Hurrelmann: Die Generation Z erfolgreich gewinnen, führen, binden, S. 50.

erzielt haben, ist dies zumindest erstaunlich.[94] Nicht verwechseln sollte man diese Tatsache allerdings mit dem Vorurteil, die jungen Frauen der Generation Z wollten wieder die traditionelle Rolle der Hausfrau und Mutter erfüllen (vgl. Kapitel 3.3). Vielmehr ist das oben beschriebene Verhalten Ausdruck eines Wunsches nach Stabilität und Struktur in einer unsicheren Welt (s. Kapitel 3.1). Möglicherweise liegt dieser Wunsch auch in der Tatsache begründet, dass in der Elterngeneration (Generation X) nur wenige Frauen während der ersten 10 bis 12 Lebensjahre ihrer Kinder voll berufstätig waren. Die jungen Menschen der Generation Z orientieren sich offenbar an diesem Muster.[95]

Ein eigener, lokaler, fester Arbeitsplatz ist den Zlern (im Gegensatz zu älteren Generationen) nicht wichtig. Im Gegenteil, die Generation Z spricht sich explizit für eine flexible Arbeitsplatzgestaltung und für die Möglichkeit zu ortsunabhängigem Arbeiten aus. Dies entspricht ihrem flexiblen, offenen Mindset und der digitalen Prägung.[96]

Alles in allem ist diese Generation äußerst leistungsbereit, technologiekompetent und räumlich absolut unabhängig.[97]

So schwierig es für Arbeitgeber ist, die Generation Z zu gewinnen, so schwierig ist es auch, sie zu halten. Aufgrund der vielen Möglichkeiten kann sie sich leicht die Stellen auswählen, die am besten zu ihren momentanen Bedürfnissen passen. Der Generation Z ist es zwar wichtig, einen guten Beruf zu haben, viel wichtiger ist es ihr aber, dass es ihr selbst und ihrem Umfeld gut geht. Mit Geld lässt sich dies übrigens nicht auffangen: Zler wollen zwar angemessen bezahlt werden, ein ausreichender Motivationsgrund ist dies allerdings nicht, wenn die anderen Rahmenparameter nicht stimmen. »Lehrjahre sind keine Herrenjahre« – dieser Leitsatz der Elterngeneration X ist für die Generation Z schon lange nicht mehr gültig. Umgekehrt müssen sich heute eher die Unternehmen anstrengen, um qualifiziertes Personal zu bekommen und zu binden, indem sie sie von Anfang an betreuen und fördern, aber nicht überfordern. Junge Kolleg*innen, die gegen Überstunden rebellieren oder ihre Arbeitszeit reduzieren wollen, stoßen bei den älteren Mitarbeitenden und Führungskräften (die sich selbst immer hart angetrieben haben, s. Kapitel 1) oft auf Kopfschütteln. Doch wenn die Erwartungen der Generation Z nicht erfüllt werden, zieht sie eben weiter. Unternehmen, die zukunftsfähig bleiben wollen, sollten dies vermeiden. Denn während die älteren Mitarbeitenden für Ausdauer und Zuverlässigkeit stehen, stehen die jungen Teammitglieder für Schnelligkeit und digitales Multitasking. Die älteren Mitarbeiter*innen können den jüngeren zeigen, wie man auch in schwierigen Situationen durchhält und auch eine langweilige Arbeit zu Ende bringt. Die Jungen können die Älteren im Gegenzug mit ihrer digitalen Neugier, ihrer Offenheit und Unbefangenheit anstecken.[98]

94 Hurrelmann/Albrecht: Generation Greta, S. 200–229.
95 Hurrelmann/Albrecht: Generation Greta, S. 229/230.
96 Jobst-Jürgens: New Work, S. 56/57–91.
97 Tavolato: Aktives Generationen-Management, S. 38.
98 Hurrelmann/Albrecht: Generation Greta, S. 209, 215–218.

3.5 Innere Motivation

Wollten wir die Generation Z mit einem idealen Satz motivieren, dann wäre es wohl dieser: »Wir brauchen Ihre individuelle Persönlichkeit, wir wollen von Ihnen lernen.«[99] Hier spiegelt sich der Wunsch nach einem Austausch auf Augenhöhe, nach anspruchsvollen Aufgaben und nach Wertschätzung der individuellen Persönlichkeit wider.

Hinsichtlich der Treiber von Engagement lassen sich durchaus Gemeinsamkeiten (s. Kapitel 4), aber auch Unterschiede zwischen den einzelnen Generationen feststellen. Die junge Generation Z motiviert man als Vorgesetzte*r vor allem durch »authentic and caring leadership«, also durch authentisches, fürsorgliches Führen mit klaren Rahmenbedingungen, die noch genügend Raum für Selbstbestimmung lassen.[100]

Zler arbeiten dann besonders motiviert, wenn sie professionell geführt werden, interessante Aufgaben übernehmen können, die ihren Neigungen entsprechen, mitbestimmen dürfen, eine Sinnhaftigkeit in ihrem Tun sehen (im Gegensatz zur Generation Y nicht auf persönlicher, sondern auf globaler Ebene), persönliche Anerkennung für ihren Beitrag und Wertschätzung ernten und Spaß an ihrer Arbeit haben, regelmäßiges Feedback erhalten und Flexibilität im Hinblick auf Arbeitszeit und -ort erwarten können (s. Kapitel 3.4). Je professioneller und wertschätzender der Umgang am Arbeitsplatz, desto höher die Wahrscheinlichkeit, dass sich diese Generation mit dem Unternehmen identifiziert und ihm erhalten bleibt.

Motivierend wirkt sich auch aus, wenn Vorgesetzte Verständnis für die Prägung der Generation Z zeigen, die (gerade beim Einstieg ins Berufsleben) ein starkes Bedürfnis nach Führung und eher wenig Eigenorganisation an den Tag legt. Hierzu gehört, dass Vorgesetzte inhaltlich und persönlich als Vorbild agieren (Leading by Example), zur Selbstreflexion anregen, Ziele setzen, delegieren, kontrollieren, motivieren – und das individuell angepasst an den bzw. die Mitarbeiter*in aus der Generation Z.[101]

Kolleg*innen und Vorgesetzte punkten bei dieser Generation, wenn sie ihr eine persönliche Zusammenarbeit und einen direkten Austausch anbieten. Zler lernen gerne von Erfahrenen und sind den Austausch auf Augenhöhe von ihren Eltern gewohnt.[102]

Um ihre Mitarbeiter aus der Generation Z zu motivieren, sollten Führungskräfte also

- ein Gespür dafür entwickeln, was den jungen Mitarbeiter*innen besonders wichtig ist, damit der Einsatz Spaß macht,
- eigene Gestaltungsmöglichkeiten einräumen,
- Zeit für regelmäßiges Feedback einplanen (ehrlich und unmittelbar),

99 Tavolato: Aktives Generationen-Management, S. 38.
100 Klaffke: Generationen-Management, S. 130.
101 Kring/Hurrelmann: Die Generation Z erfolgreich gewinnen, führen, binden, S. 76–78.
102 Mangelsdorf: Von Babyboomer bis Generation Z, S. 72.

- respektvoll und auf gleicher Augenhöhe begegnen,
- nach Entwicklungswünschen fragen,
- auch verantwortungsvolle Aufgaben übertragen,
- Inhalte modern vermitteln,
- freundlich und klar kommunizieren.[103]

Zusammenfassend kann man sagen, dass die Generation Z motiviert und leistungsbereit ist, wenn sie die oben genannte ständige Aufmerksamkeit und Rückmeldung erhält. Von den Eltern entsprechend konditioniert (s. Kapitel 1 und 3.2), ist die positive Bestätigung »die Währung für den Leistungsansporn der Zukunft«. Das Feedback sollte dabei im Gegensatz zur Generation Y aber nicht nur positiv ausfallen, sondern vor allem ehrlich, authentisch und realistisch sein, denn die Generation Z ist – trotz der irreführenden Bezeichnung »Snowflakes« (zu Deutsch: Schneeflocken), die ihnen gelegentlich zugeschrieben wird – belastbarer, als man denkt.[104]

Die Generation Z wird durch alles motiviert, was ihren Mitgliedern hilft, ihre Selbstbestimmung auf höchstem Niveau zu verwirklichen. Dafür nehmen sie jede Hilfe in Anspruch – was einen bedeutsamen Unterschied zur Generation X markiert, mit der sie sonst einiges verbindet. Sie stellen Forderungen, wollen aber auch selbst gefordert werden. Sie brauchen Führung und wollen an die Hand genommen werden. Selbstständigkeit ist nicht ihre Stärke. Um Zler zu halten, braucht es Visionen, Strategien und Ziele sowie positive Haltung und Unterstützung.[105] Demotivierend wirken hingegen Entscheidungen über ihren Kopf hinweg, Kommunikation von oben herab, mangelnde Transparenz, mangelndes Feedback und Überforderung durch zu viel Verantwortung.

Als Abschluss dieses Kapitels möchten wir die Motivation der Generation Z anhand der folgenden O-Töne verdeutlichen:

»Ich möchte Verantwortung für die Zukunft übernehmen, weil sie mir unsicher erscheint.«

- Stabilität und Struktur in einer unsicheren Zeit schaffen. Anpacken statt nur zuschauen. Die Welt ein Stückchen besser machen.

»Ich möchte mich frei entfalten können.«

- Motivation durch Autonomie in einer Zeit vieler Optionen. Ausleben der individuellen Neigungen und Träume.

»Ich bin individuell und einzigartig und das ist auch gut so.«

- Wichtigkeit von Themen wie Authentizität, Individualität, Diversität und Inklusion. Jeder darf so sein, wie er ist. Weniger Definition über Gruppenmerkmale und -zugehörigkeit als in früheren Generationen.

---

103 Kring/Hurrelmann: Die Generation Z erfolgreich gewinnen, führen, binden, S. 82/83.
104 Mangelsdorf: Von Babyboomer bis Generation Z, S. 50.
105 Tavolato: Aktives Generationen-Management, S. 94, 96, 99.

»Ich möchte mich ausprobieren und herausfinden, welcher Weg zu mir passt.«

- Bedeutung von Werten wie Autonomie und Individualität, manchmal auch Überforderung durch eine zu große Auswahl.

»Ich wünsche mir einen offenen Dialog. Es geht mir um gemeinsame, gleichberechtigte und faire Lösungen.«

- Wunsch nach Offenheit, Ehrlichkeit und Dialog auf Augenhöhe. Die Generation Z kommuniziert offen und direkt, was sie denkt. Sie legt den Finger auch in Wunden, ist aber nicht auf Konfrontation aus, sondern strebt den gemeinsamen Weg und kooperative Lösungen an.

»Ich möchte ernst genommen werden!«

- Wunsch nach Diskurs auf Augenhöhe. Jede Generation kann von der anderen lernen (Reverse Mentoring).

3.6 Ein Blick in die Lebenswelt

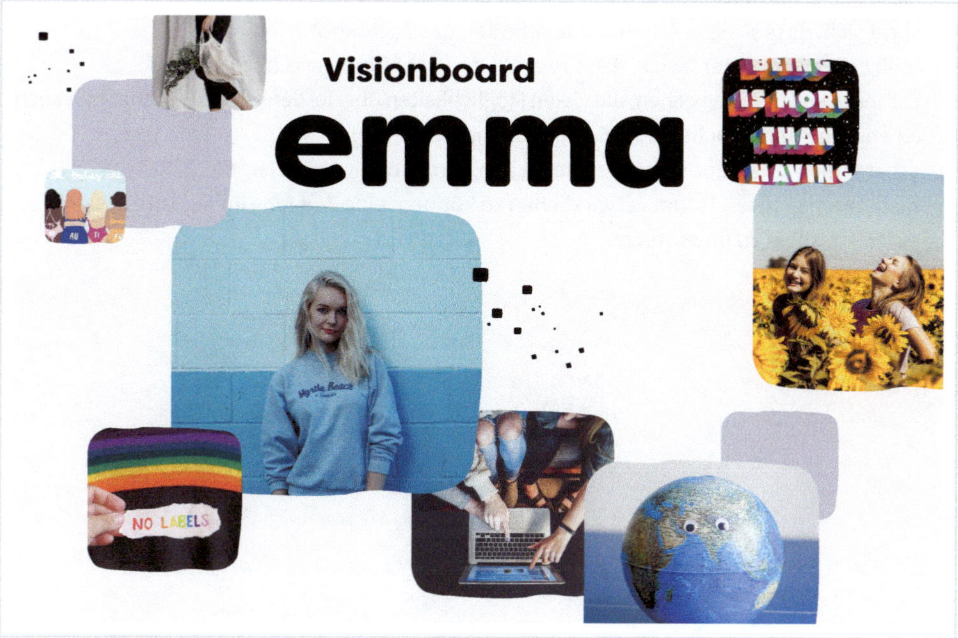

Abb. 15: Generation Z: Visionboard Emma (Fotos: Couch Magazin, Pinterest, Pexels, Unsplash)

Emma, 21: »Ich möchte die Welt ein Stückchen besser machen!«

- studiert Kommunikationsdesign
- engagiert sich nebenbei ehrenamtlich in einem Verein, der junge Frauen aus sozial benachteiligten Familien betreut

- lebt noch bei ihren Eltern in Freiburg, hat dort aber ihr eigenes Reich
- hat seit etwa einem Jahr einen festen Freund
- träumt von einer Van-Life-Reise mit ihrem Freund durch Europa
- wünscht sich eine langjährige, glückliche und ehrliche Partnerschaft und möchte langfristig auch eine eigene Familie gründen
- ist politisch engagiert bei Fridays for Future
- liebt Onlineshopping (Fair Fashion), DIY-Projekte (Upcycling), trifft sich gerne mit ihren Freundinnen zum Quatschen, Kochen, Netflixen
- macht Yoga für ein gesundes Mindset (via App oder YouTube mit Mady Morrison)
- kennt sich mit gesunder Ernährung sehr gut aus und achtet auf sich
- ist seit fünf Jahren überzeugte Veganerin
- hat eine sehr enge Bindung zu ihrer Familie
- schätzt ihre Eltern auch als ihre wichtigsten Berater in allen Lebenslagen
- spricht Konflikte mit Freund*innen und Familie offen an, Ehrlichkeit ist ihr sehr wichtig
- folgt auf Instagram ihren Freund*innen und ihren Lieblings-Influencer*innen
- schaltet gerne bei Musik ab
- findet, ihr zukünftiger Beruf sollte vor allem sinnstiftend sein, Gehalt und Karriere spielen nicht die Hauptrolle
- sorgt sich, dass sie kein Arbeitsumfeld findet, das zu ihren Werten passt
- fühlt sich etwas unter Druck, den Erwartungen der Eltern gerecht zu werden
- will ihren eigenen Weg gehen, die vielen Möglichkeiten überfordern sie aber manchmal auch
- ist ehrgeizig und möchte finanziell unabhängig sein
- schätzt die Vielfalt und begegnet Menschen immer offen und tolerant
- hofft, ihren größten Traum verwirklichen zu können: eine Zeit lang im Ausland zu leben und ein Hilfsprojekt zu unterstützen

Abb. 16: Generation Z: Visionboard Felix (Fotos: Canva, Unsplash)

Felix, 24: »Die Zukunft der Arbeit ist digital, global und flexibel.«

- wohnt in Köln in einem Einzimmerapartment
- hat einen sehr guten Draht zu seinen Eltern, lebt aber weitestgehend selbstständig
- hat die Mittlere Reife und arbeitet in Vollzeit bei einer Softwarefirma als Entwickler
- an seiner Firma schätzt er besonders die Flexibilität (agiles Arbeiten, Möglichkeit zum Homeoffice)
- trennt Berufliches und Privates, geht aber auch mal mit einem Kollegen, den er besonders mag, auf einen Drink
- würde in der Firma gerne mehr bewegen, macht sich auch proaktiv Gedanken zur nachhaltigen Optimierung der Firma, ist aber ein Stück weit frustriert, weil er seine Ideen von seiner Juniorposition aus nicht so umsetzen kann, wie er möchte
- ist seit drei Jahren Single und probiert sich aus
- verliebt sich in Menschen, nicht in Geschlechter
- findet politisches und soziales Engagement gut, ist aber selbst nicht aktiv
- hat eine Zeit lang ausprobiert, vegan zu leben, es war ihm dann aber zu teuer und zu einschränkend
- achtet auf einen halbwegs gesunden Lebensstil, gönnt sich aber auch gerne Burger, Bier & Co.
- geht dreimal die Woche ins Gym
- schläft am Wochenende gerne aus und chillt

- ist eigentlich 24/7 auf Social Media unterwegs, allerdings eher passiv. Hier folgt er vor allem seinen Freunden und ausgewählten Role Models aus den Bereichen Technik, IT, Sport, Musik und Gesellschaft
- ist gesellig, hat einen heterogenen Freundeskreis
- findet Harmonie wichtig, hat selten Stress mit Kollegen und Freunden
- schätzt sein Privatleben und legt Wert darauf, dass es nicht zu kurz kommt
- träumt von einem Roadtrip durch Kalifornien
- wünscht sich, dass Genderfragen zukünftig überflüssig sein werden, weil Diversität ganz selbstverständlich geworden ist.

Sind Ihnen schon einmal Menschen wie Emma und Felix begegnet? Beide vorgestellten Personen sind zwar fiktiv, aber als eine Möglichkeit zu verstehen, sich mit ihnen auseinanderzusetzen, Ähnlichkeiten oder Muster zu erkennen und einen Zugang zu ihrer Generation zu ermöglichen (wenn Sie aus einer anderen stammen).

4 Generationen erfolgreich verbinden: Schnittmenge, Gemeinsamkeiten und Handlungsempfehlungen

In den vorangehenden Kapiteln haben wir ausführlich dargelegt, wie unterschiedlich die einzelnen Generationen »ticken« und wie verschiedene Werte, Bedürfnisse und Erwartungen das Verhalten der einzelnen Generationenvertreter*innen prägen. Doch trotz ihrer Abweichungen sind die Generationen X, Y und Z auch durch eine Menge Berührungspunkte verbunden. Auf diese Schnittmenge und Parallelen möchten wir in diesem Kapitel näher eingehen, denn aus unserer Sicht ist dies der Kern jeder erfolgreichen generationenübergreifenden Zusammenarbeit: Zusammen sind wir MEHR! Wenn wir es schaffen, die Gemeinsamkeiten zwischen den Generationen herauszufiltern und in den Fokus unserer Zusammenarbeit zu stellen, und zusätzlich Verständnis füreinander schaffen, dann entstehen Wertschätzung, Austausch auf Augenhöhe und damit auch wirtschaftlicher Erfolg. Mit konkreten Handlungsempfehlungen für gewinnbringendes generationenverbindendes Arbeiten runden wir dieses Kapitel ab.

4.1 Schnittmenge und Gemeinsamkeiten

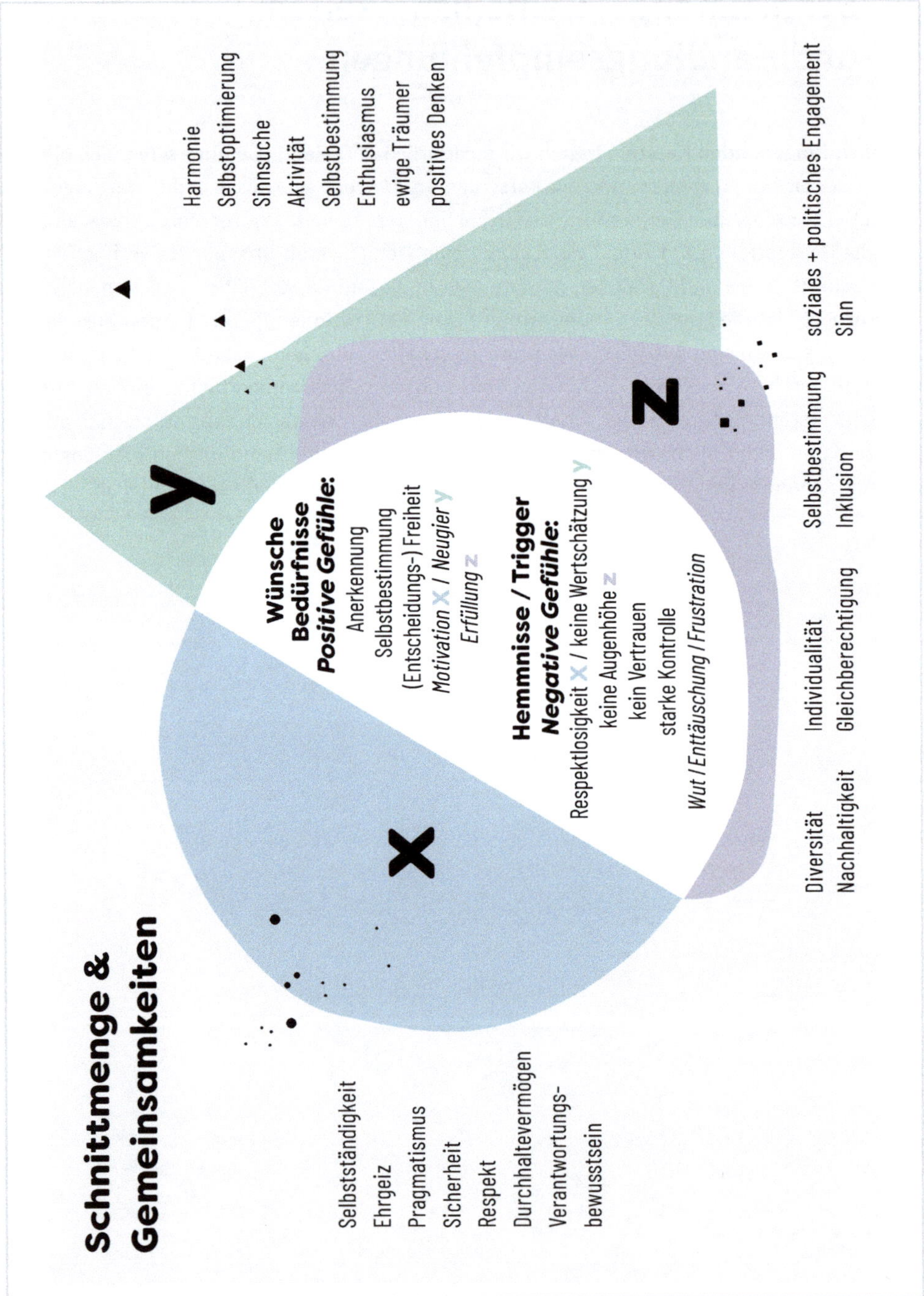

Abb. 17: Schnittmenge und Gemeinsamkeiten zwischen den Generationen X, Y, Z

Auf der Folie *Schnittmenge & Gemeinsamkeiten* (Abbildung 17) sehen wir auf einen Blick, welche Wünsche und Bedürfnisse allen drei Generationen gemeinsam sind: der Wunsch nach Anerkennung, Selbstbestimmung und (Entscheidungs-)Freiheit. Werden diese Bedürfnisse erfüllt, stellen sich folgende positiven Gefühle ein: Motivation (Generation X), Neugier (Generation Y) und Erfüllung (Generation Z).

Umgekehrt gibt es allerdings auch generationenübergreifende Hemmnisse bzw. kontraproduktive Trigger: Respektlosigkeit (Generation X), mangelnde Wertschätzung (Generation Y), keine Augenhöhe (Generation Z). Mangelndes Vertrauen und starke Kontrolle führen bei allen Generationen zu negativen Gefühlen wie Wut, Enttäuschung oder Frustration.

Die Ergebnisse einer aktuellen New-Work-Studie zeigen, dass sich die Generationen auch hinsichtlich ihrer Vorstellungen eines für sie perfekten Jobs im Hinblick auf die Merkmale Kommunikation, Wertschätzung und Flexibilität nicht unterscheiden. Die offene, ehrliche, wertschätzende und respektvolle Kommunikation untereinander, die Transparenz bezüglich der Themen, gepaart mit einer offen ausgedrückten Wertschätzung seitens der Führungskraft, sind Eigenschaften eines perfekten Jobs für *alle* Generationen. Auch der Wunsch nach dem Job-Person-Fit, also der Einsatz nach Stärken und Interessen im Unternehmen, ist bei allen Generationen stark ausgeprägt. Diese grundlegenden Übereinstimmungen bieten ein enormes Potenzial, um eine generationenübergreifende und vor allem menschenfokussierte Transformation in Organisationen zu planen, zu initiieren, auszugestalten oder auch den Status quo zu hinterfragen.[106]

Sicher ist es richtig und sinnvoll, an einigen Stellen bewusst zwischen Generationen zu differenzieren, beispielsweise was das Thema Führung angeht (wie je Generation in Kapitel 1.5, 2.5 und 3.5 erläutert). Viel spannender sind jedoch die Gemeinsamkeiten, weil sie Firmen und ihren Mitarbeitenden die unvergleichliche Chance bieten, aus dem Nebeneinander von Generationen ein Miteinander zu erschaffen und mit Jung und Alt gemeinsam die Zukunft zu gestalten. Wie wichtig dies in der Arbeitswelt von heute und erst recht von morgen ist respektive sein wird, erklärt sich durch die zunehmende Dichte und Häufigkeit von Veränderungsprozessen – und die durch beides beeinflusste Reaktionsgeschwindigkeit von Unternehmen. Organisationen, ebenso wie jede*r Einzelne, werden sich immer wieder neu (er-)finden und definieren müssen, weil die neue Arbeitswelt aufgrund der Digitalisierung, Globalisierung, Diversität sowie der Vermischung von Kulturen rasant in Bewegung und gleichzeitig außerordentlich komplex ist. Dieser Komplexität kann durch eine klare Priorisierung von Bedürfnissen – mit Fokus auf die Übereinstimmungen zwischen den Generationen – entgegengewirkt werden. Das heißt konkret:

106 Jobst-Jürgens: New Work, S. 142/143, 145.

Die Sicherstellung und Förderung von
- Individualität und persönlicher Entwicklung,
- Wertschätzung und wertschätzender Kommunikation,
- Flexibilität in Ort und Zeit sowie die
- Rücksichtnahme des Arbeitgebers auf persönliche Einflussfaktoren seitens der Mitarbeitenden

sind die Hebel, die die Weichen für eine positive und erfolgreiche Zukunft stellen.[107]

4.2 Handlungsempfehlungen

Um der Individualität der Mitarbeitenden gerecht zu werden sowie ihre persönliche Entwicklung und Entfaltungsfreiheit zu gewährleisten, empfehlen wir,
- die Mitarbeitenden bei der persönlichen Karriereplanung zu unterstützen. Lassen Sie sich voll und ganz auf ihre jeweiligen individuellen Bedürfnisse, Fähigkeiten und Talente ein. Finden und definieren Sie gemeinsam einen Karriereweg, der den Person-Job-Fit immer wieder erfüllt. Überprüfen und justieren Sie nach, wenn Bedarf besteht.
- qualifizierte Fortbildungsmöglichkeiten zur Verfügung zu stellen. Viele Plattformen bieten sehr gute, vielseitige Angebote und Zertifizierungen zur Online-Weiterbildung, wie zum Beispiel die Harvard Business School (https://online.hbs.edu/) oder Coursera (https://de.coursera.org/). Offerieren Sie Ihren Mitarbeiter*innen ein festes Zeit- und Lernbudget, um Online-Kurse und -Learnings während der Arbeitszeit absolvieren zu können.
- die persönliche Weiterentwicklung Ihrer Teammitglieder durch interne oder externe Coaches zu fördern. Begleitete Reflexion trägt nachweislich und maßgeblich zur Professionalisierung ihrer Mitarbeitenden bei – ein immenser Vorteil für beide Seiten.[108]

Wenn Sie Wertschätzung und wertschätzende Kommunikation in Ihrem Unternehmen etablieren und fest verankern möchten, sollten Sie
- an Ihrer Feedbackkultur arbeiten. Integrieren Sie formelle und informelle Feedbackprozesse, um Fach- und Führungskräften die Möglichkeit zur Weiterentwicklung zu geben.
- Ihre Fehlerkultur überprüfen. Haben Ihre Mitarbeitenden und Leader*innen die Sicherheit, offen über Fehler zu diskutieren, ohne sich bloßgestellt zu fühlen oder gar degradiert zu werden? Nur in einer Unternehmenskultur des Vertrauens ist dies möglich. Gestalten Sie (virtuelle) Tafeln mit dem »Fehler der Woche« oder organisieren Sie sogenannte »FuckUp-Nights«, bei denen verschiedene Personen (auch aus dem hohen Management!) offen über ihre gemachten Fehler und ihre Learnings sprechen. Unterschätzen Sie nicht den Einfluss, den diese Ehrlichkeit und Menschlichkeit auf das Vertrauen Ihrer Mitarbeitenden haben wird. Humorvolle Maßnahmen wie die genannten erleichtern es gerade Führungskräften aus der älteren Generation X (welche internalisiert hat, keine Fehler machen zu dürfen be-

107 Eberhardt: Generationen zusammen führen, S. 177 und Jobst-Jürgens: New Work, S. 143.
108 Jobst-Jürgens: New Work, S. 99.

ziehungsweise eigene Fehler totzuschweigen), sich zu öffnen und damit eine Brücke zu den jüngeren Generationen Y und Z zu schlagen (s. auch Kapitel 5.5.1).

- eine Kommunikationsstrategie entwickeln, die sich ebenfalls durch Ehrlichkeit und Offenheit auszeichnet. Finden Sie die richtigen Kanäle und die passenden Medien und/oder Formate hierfür und versuchen Sie dabei, so persönlich wie möglich zu sein.
- in Ihrer Kommunikation klar herausarbeiten, wie jede*r einzelne Mitarbeiter*in und jede einzelne Aufgabe in Ihrer Organisation zum Erreichen Ihrer Ziele und Visionen ebenso wie zu Ihrem Unternehmenserfolg beitragen.
- eine Grundsatzerklärung für eine positive Art, miteinander zu kommunizieren formulieren und veröffentlichen.
- ganz bewusst Botschaften platzieren, die nicht erfreulich sind. Indem Sie Ihre Mitarbeitenden auch an schwierigen Phasen und wirtschaftlichen Herausforderungen transparent teilhaben lassen, legen Sie den Grundstein für ein tiefes Vertrauen in Ihrer Firma.
- jenen, denen es schwerfällt, Wertschätzung offen auszudrücken (was eher die älteren Generationen X und Babyboomer betrifft), Unterstützung anbieten. Wohlwollende, wertschätzende Kommunikation kann man lernen. Nutzen Sie Ressourcen wie Coaches oder Kommunikationstrainer*innen und helfen Sie mit passgenauen Angeboten dem Teil Ihrer Belegschaft, der bei dieser Thematik Defizite hat.
- Wertschätzung auch nonverbal ausdrücken. Gerade im unternehmerischen Kontext hat das Anvertrauen von verantwortungsvollen Aufgaben einen wertschätzenden Charakter.
- so oft es geht, persönlich kommunizieren. Gestalten Sie auch Ihre virtuelle Kommunikation persönlich. Wenn zum Beispiel ein Kind eines Mitarbeitenden in einen Videocall platzt, sehen Sie es nicht als störende Unterbrechung, sondern nutzen Sie die Gelegenheit für ein kurzes Kennenlernen. Seien Sie menschlich und geben Sie Ihren Mitarbeiter*innen ebenfalls die Chance dazu.
- Botschaften mit hoher emotionaler Komponente, also besonders erfreuliche oder kritische Botschaften, immer persönlich adressieren. Rein sachliche und inhaltlich-fachliche Themen können Sie dagegen auch per digitaler Kommunikation steuern (via E-Mail, Chat, Instant Messenger etc.).
- Werte definieren, die nach innen und außen kommuniziert werden. Lassen Sie Ihre Mitarbeitenden an der Wertedefinition partizipieren, um sicherzustellen, dass alle (im Schnitt) die gleichen Vorstellungen haben.
- den Purpose, also das »Warum?«, jeder Art von Tätigkeiten herausstellen. Geben Sie Ihren Teammitgliedern zudem die Möglichkeit, ihren persönlichen Purpose zu reflektieren und diesen mit dem Purpose der Firma zu matchen. Dies hängt auch eng mit einem guten Job-Person-Fit zusammen.
- Räume schaffen, in denen sich Mitarbeiter*innen in eigene, unternehmensbezogene Projekte und Innovationen einbringen können. Stellen Sie sicher, dass keine Überstunden entstehen, sondern die Aufgaben während der Arbeitszeit erledigt werden können – oder honorieren Sie den Mehraufwand wertschätzend und angemessen. Ihr Team wird so wesentlich am Unternehmenserfolg beteiligt und Ihre Organisation kann das große Ideen- und Ressourcenpotenzial der Mitarbeiter*innen voll ausschöpfen. Zur Strukturierung bieten

sich WOL-Circles* an, welche die Zusammenarbeit über Bereichsgrenzen und Generationen hinweg einfach und erlebbar machen (*»Working-Out-Loud« sind Arbeitsgemeinschaften, in denen die individuellen Fähigkeiten der einzelnen Teilnehmer sichtbar werden und jede*r von den anderen lernen kann).[109]

Um das Fundament für Flexibilität in Ort und Zeit zu legen,

- führen Sie flexible Arbeitszeitmodelle ein. Das heißt: Lassen Sie Ihre Mitarbeitenden selbst entscheiden, zu welcher Zeit sie arbeiten möchten. Natürlich ist das nicht immer zu 100% umsetzbar – durch wichtige Meetings und andere Kontaktpunkte entstehen zeitliche Verbindlichkeiten. Es lohnt sich dennoch, andere Modelle als die klassische Kernarbeitszeit in Betracht zu ziehen, wie zum Beispiel das ergebnisorientierte Arbeiten, und dieses auch vertraglich festzuhalten. Es gibt Firmen, die in ihren Anstellungsverträgen nicht mehr von Arbeitsstunden, sondern von Arbeitspaketen sprechen. Das ermöglicht dem Mitarbeitenden eine vollkommene, zeitliche Flexibilität – solange der Vertrag erfüllt und die Aufgaben erledigt werden.
- eliminieren Sie in Ihrem Unternehmen schädliche informelle Regeln wie unausgesprochene Präsenzzeiten oder den Wettbewerb um die meisten Überstunden. Niemand arbeitet besser, wenn er oder sie zwölf Stunden im Büro sitzt, aber nur die Hälfte der Zeit produktiv an den Aufgaben arbeitet.
- überlegen Sie bei jeder offenen Stelle (auch bei Führungspositionen!), ob Sie diese im Job-Sharing-Modell anbieten können, also als zwei 50%-Stellen. So können sich zwei matchende Personen zusammentun oder zwei Bewerber*innen gesucht werden, welche sich als Tandem die Stelle teilen. Eine Analyse von 2013 hat gezeigt, dass flexible Arbeitszeitmodelle wie dieses dabei helfen, dass Arbeitnehmer*innen seltener in einen Konflikt zwischen ihrem Privat- und Berufsleben geraten. Dementsprechend bieten Shared Positions, Teilzeit und ergebnisorientierte Vertragsgestaltung viel Potenzial vor allem für qualifizierte, arbeitsort- und zeitflexible Talente aus den jungen Generationen Z und Y, aber auch für berufstätige Mütter und Väter oder Mitarbeiter*innen (oft aus der Generation X) mit einer Pflegeverantwortung für Angehörige. Die fehlende Vereinbarkeit von Beruf und Care-Arbeit führt in Unternehmen zu hohen Kosten – beispielsweise durch ungeplante Fehlzeiten, erhöhte krankheitsbedingte Ausfälle, Fluktuation und folglich finanziellen Aufwand für Recruiting und Onboarding. Durch die oben genannten flexiblen Modelle und die zusätzliche Option, unkompliziert (temporär oder dauerhaft) zwischen Voll- und Teilzeit zu wechseln, vermeiden Sie Unzufriedenheit, Leistungseinbrüche oder Kündigung und schaffen Erleichterung sowie eine hohe Arbeitgeberattraktivität für Ihre Mitarbeitenden.
- respektieren Sie Reisefreudigkeit genauso wie Reiseträgheit. Finden Sie Alternativen, damit Personen, die nicht regelmäßig für ihren Job reisen möchten, auch nicht reisen müssen. Helfen kann das Ermöglichen von ortsunabhängigem Arbeiten. Die Coronapandemie hat gezeigt, dass Remote Work genauso gut funktioniert wie die Arbeit im Büro. Lassen Sie Ihre Belegschaft entscheiden, von wo sie arbeiten möchte. Diese Freiheit ist ein großer Vertrau-

109 Jobst-Jürgens: New Work, S. 62/63, 100, 109, 117.

ensbeweis und wird die meisten Mitarbeiter*innen positiv in ihrer Bindung an die Firma bestärken.[110]

Auf die persönlichen Einflussfaktoren Ihrer Mitarbeitenden nehmen Sie Rücksicht, indem Sie

- anerkennen, dass es Phasen im Leben Ihrer Teammitglieder und Führungskräfte gibt, in denen diese nicht die gleiche Arbeitskraft an den Tag legen können oder wollen wie sonst. Damit sind Situationen gemeint, in denen durch akute Vorfälle (zum Beispiel Verlust oder Pflege von Angehörigen oder eigene Krankheit) schnell agiert werden muss und eine temporäre Überforderung des Mitarbeitenden auftritt. Es kann sich auch um eine Reduzierung der Arbeitsstunden auf eigenen Wunsch des Mitarbeitenden handeln, sei es, um nach der Elternzeit wieder in den Job einzusteigen, mehr Zeit für andere Tätigkeiten wie eine nebenberufliche Selbstständigkeit oder schlicht mehr Freizeit zur Verfügung zu haben. Zeigen Sie authentisches Verständnis und solidarisches Verhalten. Bieten Sie die Inanspruchnahme von Coachings, Gespräche mit einer Vertrauensperson oder betriebliche Gesundheitsangebote bei kritischen Lebensereignissen an. Seien Sie offen für flexible Arbeitsmodelle bei positiven Lebensereignissen, die eine Auswirkung auf die Arbeit haben.
- Ihre Führungskräfte sensibilisieren. Gerade der Support der Führungskraft hilft den Mitarbeitenden, mit persönlichen Veränderungen und Lebensereignissen, die Einfluss auf den Beruf haben, besser umzugehen.[111]

Der Erfolg der Transformation in Richtung einer vorurteilsfreien, wertschätzenden und diversen Unternehmenskultur des Vertrauens über alle Generationen hinweg hängt maßgeblich von den Einstellungen und dem Handeln der Führungskräfte ab. Skills, die Führungskräfte für die Zukunft der Arbeitswelt bereit machen und qualifizieren, sind dementsprechend:

- **Vertrauen.** Hinterfragen Sie als Leader*in erst dann kritisch, wenn es einen konkreten Anlass dazu gibt. Ein Vertrauensvorschuss in Ihre Mitarbeitenden sollte Ihre Maxime sein.
- **Wertschätzung.** Äußern Sie Ihre Begeisterung, Anerkennung und Dankbarkeit für Ihre Mitarbeiter*innen häufig und intensiv. Sie müssen keine Sorge haben, dass Ihr Führungsbild darunter leidet – das Gegenteil wird der Fall sein.
- **Persönlichkeitsentwicklung.** Arbeiten Sie als Führungskraft kontinuierlich an Ihrer Selbstwahrnehmung und Ihren blinden Flecken (wie beispielsweise Ihrem Unconscious Bias, s. Kapitel 2.3). Je besser Sie Letzteres kennen, desto effektiver lässt sich diesem entgegenwirken. Selbstreflexionsangebote dienen Ihrer Professionalisierung als Führungskraft. Suchen Sie sich einen Coach, der Sie in diesem Prozess regelmäßig unterstützt und langfristig begleitet.
- **Selbstreflexion und Ehrlichkeit.** In einer Studie von 2020 stellte sich heraus, dass jede zweite Führungskraft (!) in einem für sie perfekten Job keine Führungskraft mehr wäre. Geben Sie Leader*innen in Ihrem Unternehmen die Möglichkeit, ihre Führungsverantwor-

110 Jobst-Jürgens: New Work, S. 78/79, 92.
111 Jobst-Jürgens: New Work, S. 83/84.

tung abzugeben und in die Mitarbeiterrolle zu wechseln. Wenn Sie selbst Manager*in sind, kommunizieren Sie aufrichtig, wenn Sie sich eine Veränderung wünschen. Man kann davon ausgehen, dass eine Führungskraft, die keine Führungskraft (mehr) sein möchte, zum einen weniger zufrieden im Job ist und zum anderen ihrer Führungsaufgabe nicht aus voller Überzeugung nachkommt. Hier braucht es unkomplizierte und wertfreie Lösungen, um sich aus der Leaderrolle zu lösen und sich in eine stärker fachlich geprägte Rolle entwickeln zu können.

- **Resilienz und Selbstfürsorge.** Eine Unternehmens- und Führungskultur, die den Druck auf Leader*innen vermindert, bildet hierfür das entscheidende Fundament. Sie zeichnet sich durch interne, themenbezogene Netzwerke aus, in denen sich die Führungspositionen selbstständig bei Bedarf verändern können. Dadurch, dass jede*r mal Teamführung übernehmen darf, werden anfallende Aufgaben vor allem vom Team selbst verteilt: Die Führungskraft wird im gleichen Zug entlastet und die Mitarbeiter*innen gelangen in ein eigenverantwortliches Arbeiten.
- **Fehlertoleranz.** Sprechen Sie offen übers Fehlermachen. Diskutieren Sie ehrlich über Fehler von Mitarbeiter*innen und Führungskräften, ohne diese zu degradieren. Teilen Sie genauso offen Ihre eigenen Fehler und Ihre Learnings aus diesen.[112]
- **Leading by Example.** Mit gutem Beispiel vorangehen bedeutet, andere durch Ihr Verhalten statt durch Ihre Worte zu führen. Ihre Absicht sollte sein, andere mit Ihrer Haltung und Ihren Handlungen zu inspirieren, sodass sie Ihrem Vorbild bereitwillig und intuitiv folgen. Problematisch wird es dann, wenn Sie das eine sagen und das andere tun. Die alte Führungsmentalität »Ich bin der/die Chef*in, also machst du, was ich dir sage (wie ich mich verhalte, spielt keine Rolle)« mag in der Vergangenheit funktioniert haben, hat aber in der heutigen Welt keinen Platz mehr und löst – gerade bei Angehörigen der jungen Generationen Y und Z – massiven Widerstand aus. Das Kennzeichen einer guten, modernen Führungskraft liegt in ihrer Fähigkeit, ihren Worten Taten folgen zu lassen. Mitarbeitende möchten sehen, dass Ihre Handlungen das widerspiegeln, was Sie sagen. Das bedeutet für Sie als Führungskraft, dass Sie Ihre gewohnten Praktiken, Routinen und Verhaltensweisen an Ihren Grundwerten ausrichten sollten. Vielleicht gelingt Ihnen das nicht jedes Mal – doch je häufiger, desto wirksamer. Mitarbeiter*innen bemerken schnell Inkonsistenzen und Widersprüche bei ihren Führungskräften. Die bewusste Ausrichtung ist das Herzstück einer authentischen und aufrichtigen Führungskraft.

Letztendlich besteht der Zweck Ihrer Führung darin, die Veränderung zu sein, die Sie in Ihrer Organisation sehen möchten.[113]

112 Jobst-Jürgens: New Work, S. 100, 109 und Kallwitz: Unconscious Bias, S. 61.
113 https://www.betterup.com/blog/leading-by-example (29.06.2023)

5 Konkrete Lösungen für Generationenkonflikte: Praxistipps und wirksame Strategien für eine optimale, generationenübergreifende Zusammenarbeit

Bevor wir auf konkrete Lösungsvorschläge für typische Konfliktfelder (s. Kapitel 5.1) zwischen den einzelnen Generationen eingehen, ist es wichtig, sich zu verdeutlichen, wie der Positivzustand und wie der Negativzustand der einzelnen Generationen im Arbeitskontext aussieht. Wir nennen dies in den folgenden Kapiteln 5.2 bis 5.4 den »Himmel« und die »Hölle« der Generationen und differenzieren: Was ist der Himmel für diese Generation? Wie fühlen sich ihre Mitglieder in diesem Zustand? vs. Was ist die Hölle für diese Generation? Wie fühlen sich ihre Mitglieder in diesem Zustand? Auch hier zeigen sich Unterschiede in den Bedürfnissen und Gefühlen, aber auch Überschneidungen zwischen den Generationen. Es ist zum Beispiel schnell ersichtlich, dass bei allen drei Generationen zu viel Kontrolle und Druck von oben demotivierend wirkt. Ausgehend davon, geben wir ab Kapitel 5.5 konkrete Handlungsempfehlungen für eine optimale, generationenübergreifende Zusammenarbeit und zeigen in Kapitel 5.7 auf, wie Generationenkonflikte mithilfe wirksamer Kommunikationsinstrumente konstruktiv angesprochen, deeskaliert und gelöst werden. Abschließend veranschaulichen wir die Umsetzung in die Praxis durch ein konkretes Fallbeispiel (Kapitel 5.8).

5.1 Typische Generationenkonflikte und intergenerative Herausforderungen

Wann fühlen sich die unterschiedlichen Generationen motiviert und leistungsstark? Wann ausgebremst und demotiviert? Die folgenden Grafiken verdeutlichen auf einen Blick den Positivzustand sowie den Negativzustand der Generationen X, Y und Z. Auch die kommenden Illustrationen zeigen: Die verschiedenen Generationen trennen nicht nur Prägungen und Haltungen, es werden wieder wesentliche Überschneidungen deutlich, welche die Generationen X, Y und Z verbinden (durch Fettungen in den Abbildungen 18–29 hervorgehoben).

Aus den »Himmel«- und »Hölle«-Zuständen der einzelnen Generationen resultieren entsprechende Gefühlszustände und Emotionen bei den einzelnen Generationenvertreter*innen. So bewirken beispielsweise bei Generation X Eigenverantwortung und Selbstbestimmung das Gefühl von Anerkennung und Wichtigkeit. Starke Kontrolle und ständiges Überprüfen können Gefühle wie Wut, Demotivation und Enttäuschung (bei Generation Y) auslösen. In den folgenden Abbildungen werden also nicht nur sachliche Parameter wie klare Strukturen oder angemessene Bezahlung eine Rolle spielen, sondern auch positive und negative Gefühlszustände sowie Schlüsselgefühle beschrieben werden.

5.1.1 Himmel & Hölle der Generation X

Abb. 18: Himmel der Generation X

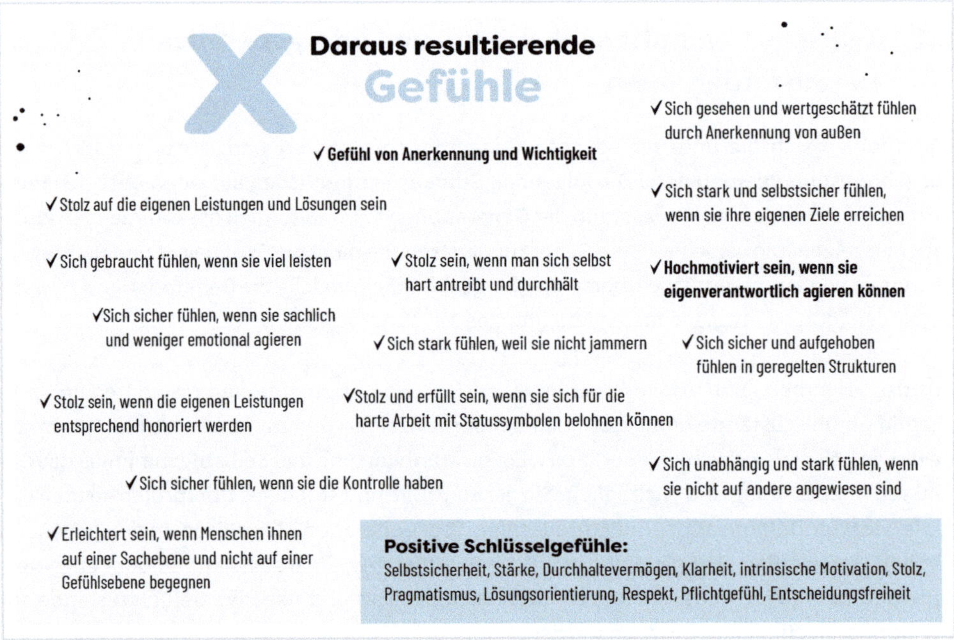

Abb. 19: Daraus resultierende (positive) Gefühle

Abb. 20: Hölle der Generation X

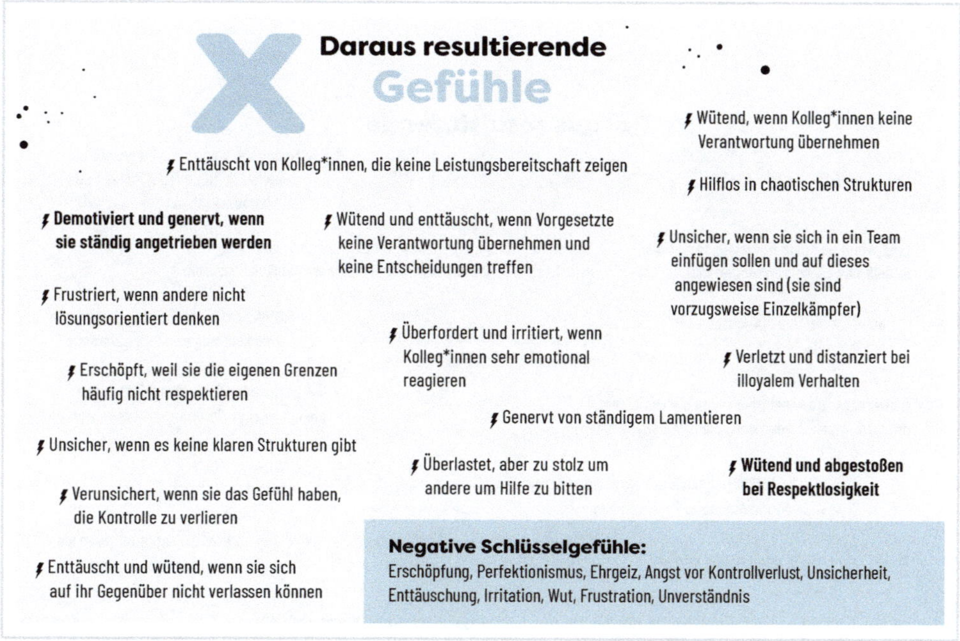

Abb. 21: Daraus resultierende (negative) Gefühle

5.1.2 Himmel & Hölle der Generation Y

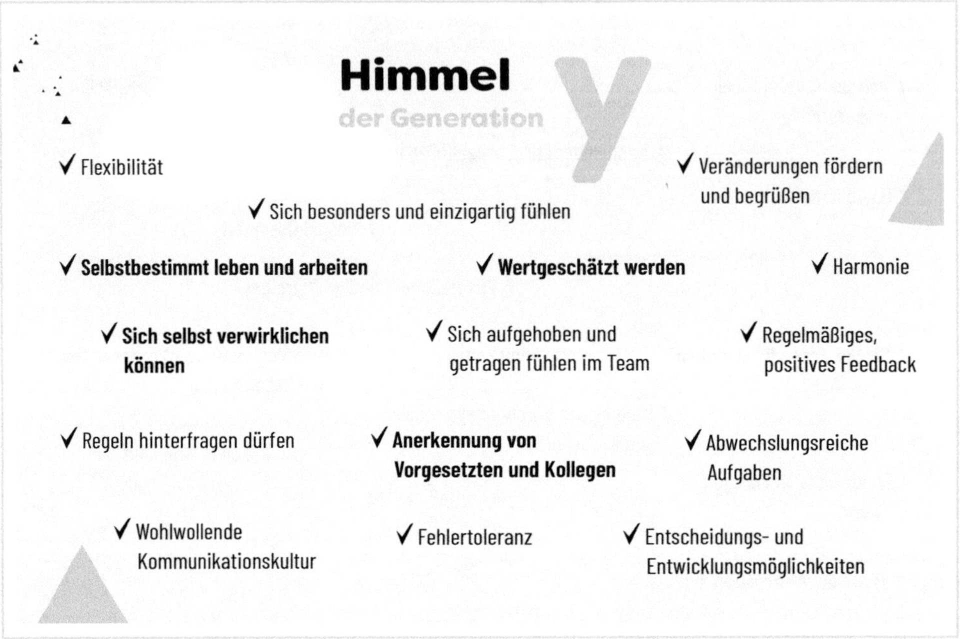

Abb. 22: Himmel der Generation Y

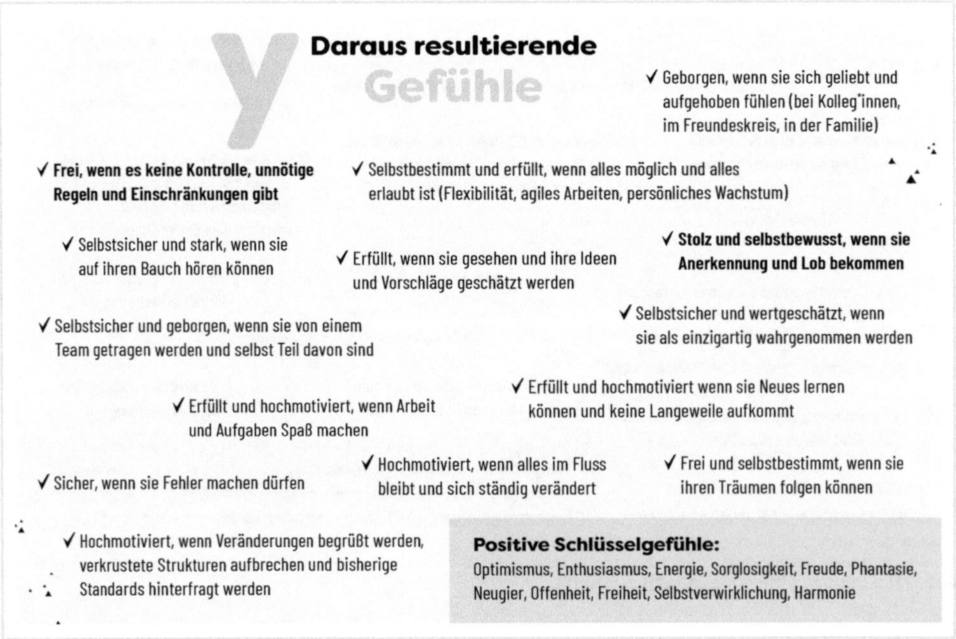

Abb. 23: Daraus resultierende (positive) Gefühle

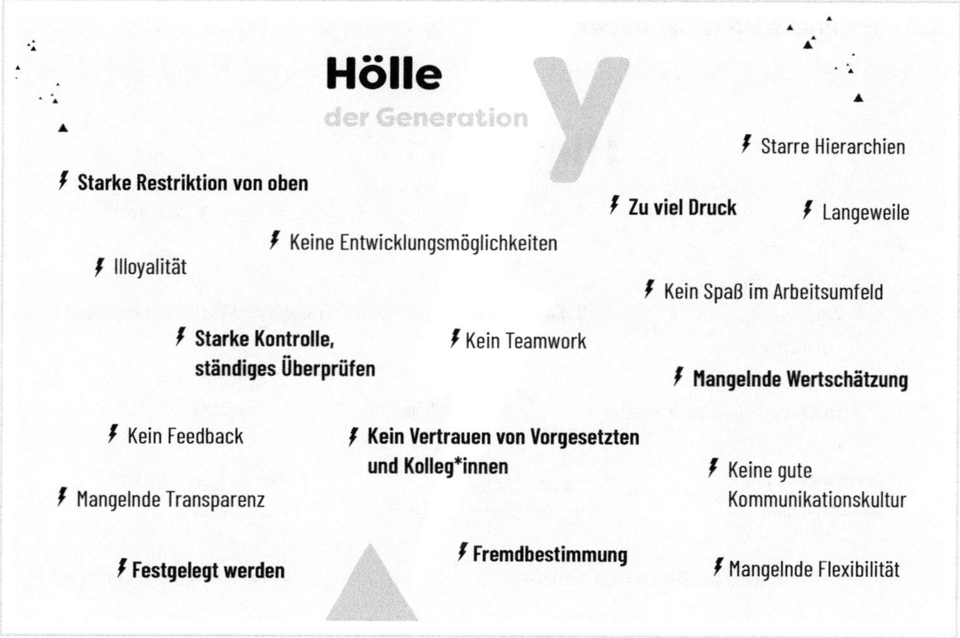

Abb. 24: Hölle der Generation Y

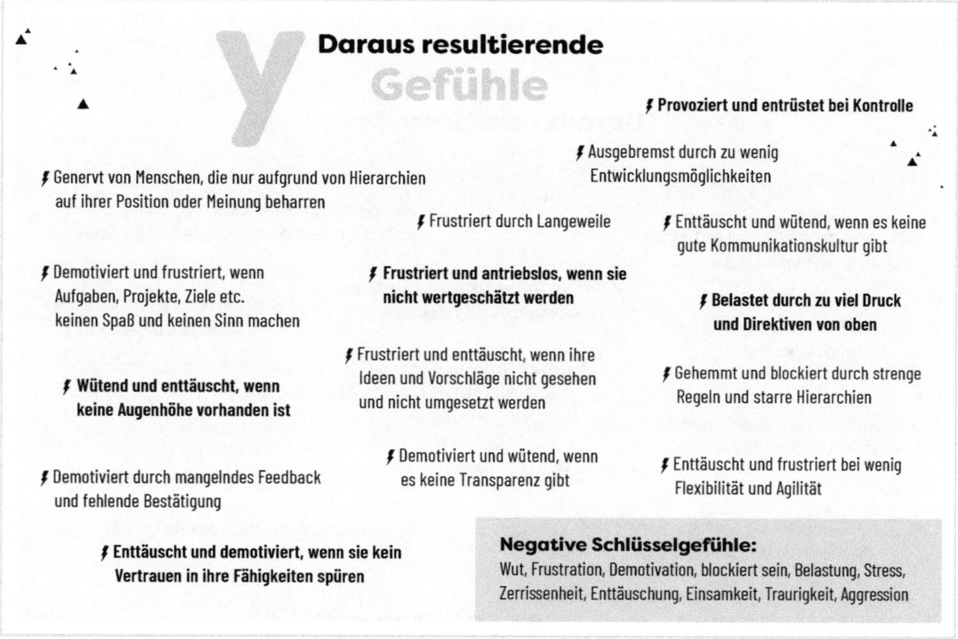

Abb. 25: Daraus resultierende (negative) Gefühle

5.1.3 Himmel & Hölle der Generation Z

Abb. 26: Himmel der Generation Z

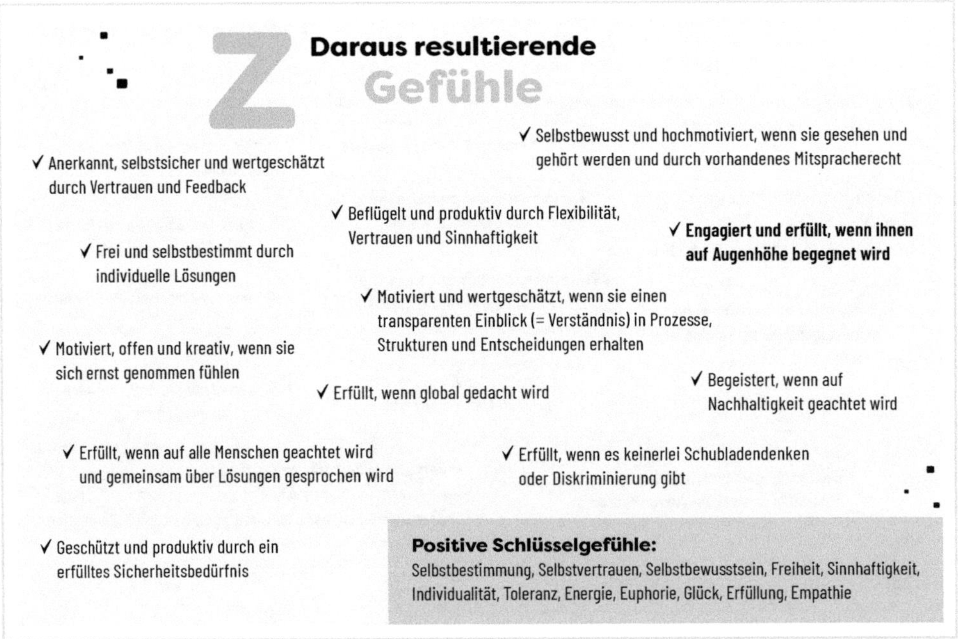

Abb. 27: Daraus resultierende (positive) Gefühle

Abb. 28: Hölle der Generation Z

Abb. 29: Daraus resultierende (negative) Gefühle

5.2 Konfliktfelder zwischen den Generationen und konkrete Lösungen und Praxistipps für eine optimale, generationenübergreifende Zusammenarbeit

In den Kapiteln 1 bis 3 haben wir eingehend die unterschiedlichen Prägungen, Werte und Bedürfnisse jeder einzelnen Generation beleuchtet. Nun wollen wir uns im Detail anschauen, welche Werte und Bedürfnisse bei einem Aufeinandertreffen verschiedener Generationen zu Konflikten führen können und mit welchen Lösungsansätzen diese Konflikte entschärft oder sogar im Vorfeld verhindert werden können. Hierzu stellen wir jeweils zwei Generationen einander gegenüber und geben konkrete Handlungsempfehlungen und Praxistipps, um kritische Situationen zu deeskalieren.

5.2.1 Konfliktfelder Generation X vs. Generation Y und konkrete Lösungsansätze

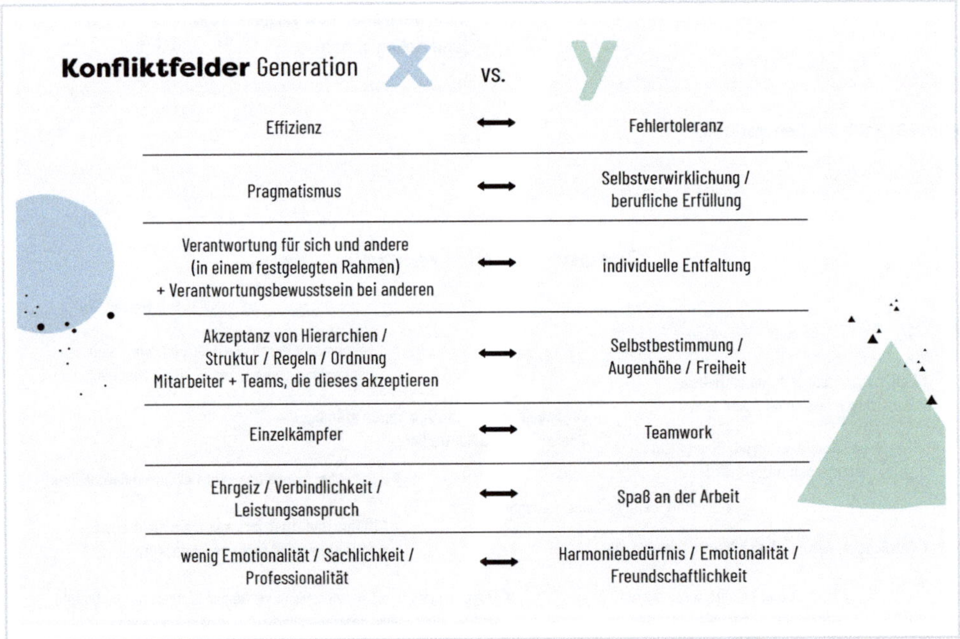

Abb. 30: Konflikte zwischen Generationen: X vs. Y

Effizienz (X) vs. Fehlertoleranz (Y):
Wenn Effizienz auf Fehlertoleranz trifft,

- ist es zielführend, Prozesse iterativ zu gestalten. Wiederholend und ausprobierend nähert man sich schrittweise in wiederholten Vorgängen der Lösung des Problems an. Die Lernkurve wird so deutlich gesteigert (s. Abbildung 31):[114]

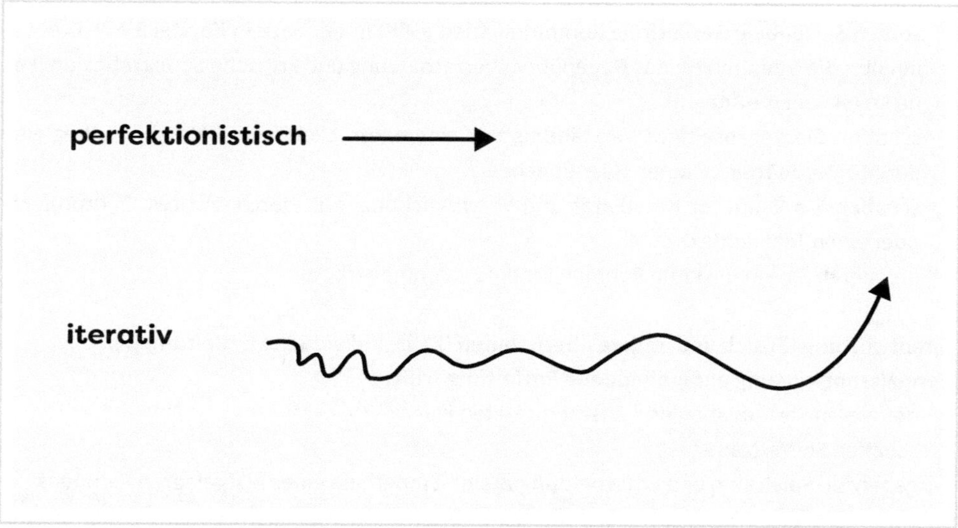

Abb. 31: Iterativ vs. perfektionistisch (Quelle: https://medium.com/illumination/iteration-over-perfectionism-559d70dc152, 29.06.2023)

- ist es sinnvoll, eine Fehlerkultur im Unternehmen zu etablieren – im Gegensatz zu einer rigiden Bestrafung und Ächtung von Fehlern. Instrumente können hier sogenannte »Fuck-Up-Events« oder ein »Fehler-Award« sein. Sinn des Ganzen ist es, eine offene Diskussion über Fehler und insbesondere daraus gewonnene Learnings zu begrüßen und zu pflegen. Dann kann eine Unternehmenskultur des Vertrauens erwachsen. Entscheidend für den Erfolg eines solchen, positiven Cultural Shifts ist, dass auch die Entscheider*innen, also Führungskräfte *aller* Ebenen (auch der/die CEO!), mit gutem Beispiel vorangehen. Das heißt: ehrlich zu ihren Fehlern und Fehlentscheidungen stehen und diese offen mit der ganzen Belegschaft teilen. Nur so entstehen ein Umfeld und eine Atmosphäre, in welcher sich auch die Angestellten trauen, sich zu öffnen.
- kann es hilfreich sein, das Ziel- und Zeitmanagement im Team neu zu definieren. Planen Sie Phasen für Deep Work (Zustand höchster und fokussierter Konzentration) und für Shallow Work (oberflächliche bzw. leichte Routineaufgaben, die keine tiefe Konzentration erfordern und schnell erledigt sind) ein und hinterfragen Sie die Meetingkultur im Unternehmen: Was muss wirklich sein?

114 https://www.i-faz.de/2018/05/09/wie-sie-mit-agilen-prozessen-trumpfen-können/ (29.06.2023).

- setzen Sie auf ein agiles Management statt auf starre Timelines und Zielvorgaben von oben und beziehen Sie das Team mit ein.

Pragmatismus (X) vs. Selbstverwirklichung & berufliche Erfüllung (Y):
Wenn Pragmatismus auf Selbstverwirklichung und berufliche Erfüllung trifft,

- schaffen Sie Räume für Austausch.
- sorgen Sie für eine Gewaltfreie Kommunikation (GFK) (mehr dazu in Kapitel 5.7.2). Dies beinhaltet die Offenheit für das Gegenüber, Wertschätzung und kritische Selbstreflexion (keine Angst vor Emotionen!).
- schaffen Sie gegenseitiges Verständnis mit einem »Brückenbauer-Workshop«, begleitet durch externe Trainer*innen oder Coaches.
- schaffen Sie Raum für Kreativität und Verwirklichung, z.B. durch Offsites, Pilotprojekte oder einen Teamkodex.
- definieren Sie einen klaren Rahmen für die Zusammenarbeit.

Verantwortung für sich und andere übernehmen (X) vs. individuelle Entfaltung (Y):
Wenn Verantwortung auf individuelle Entfaltung trifft,

- definieren Sie Aufgaben und Zuständigkeiten klar.
- schaffen Sie Vertrauen.
- geben Sie Spielraum und Entscheidungsfreiheit innerhalb eines festgelegten Rahmens.
- sorgen Sie für Transparenz, z.B. mithilfe von Organisationstools wie einem Kanban-Board.

Akzeptanz von Hierarchien, Strukturen & Regeln (X) vs. Selbstbestimmung, Augenhöhe & Freiheit (Y):
Wenn Akzeptanz von Hierarchien, Strukturen und Regeln auf Selbstbestimmung, Augenhöhe und Freiheit trifft,

- schaffen Sie als unbedingte Basis einen wertschätzenden Austausch und eine Dialogbereitschaft auf Augenhöhe (»Ich bin okay« ↔ »Du bist okay«).
- kann Gewaltfreie Kommunikation für gegenseitiges Verständnis sorgen (s. Kapitel 5.7.2).
- erarbeiten Sie gemeinsam mit dem Team einen Rahmen, innerhalb dessen Flexibilität und Selbstbestimmung möglich sind. Hier sollten folgende Fragen geklärt werden:
  - Wie wollen wir zusammenarbeiten (organisatorisch und inhaltlich)?
  - Warum/Wofür arbeiten wir? Definition des Purpose
  - Worin besteht täglich die Sinnhaftigkeit unseres Tuns?
- schaffen Sie Bedingungen weg von klassisch-starren Hierarchien hin zu einer Netzwerk- und Ressourcenkultur:

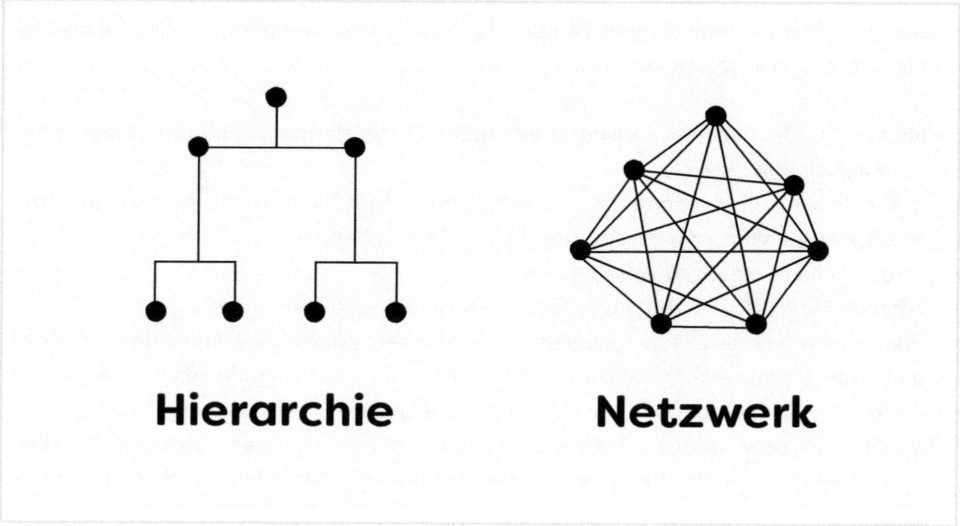

Abb. 32: Unternehmenskultur: Hierarchie vs. Netzwerk

Dies beinhaltet auch einen Kulturwandel durch neue Werte. Definieren Sie diese *gemeinsam* mit Ihren Mitarbeitenden!

Einzelkämpfer*innen (X) vs. Teamwork (Y):
Wenn Einzelkämpfer*innen auf Teamplayer treffen,

- bieten sich Methoden und Übungen an, die die Weisheit der Gruppe deutlich machen, z. B. das populäre Plan-und Teambuildingspiel »NASA-Game«.[115]
- klären Sie Fragen wie: Wann braucht es Führung, wann nicht? Wann braucht es was und wofür? (in Deep-Work-Phasen ist z. B. eher Einzelarbeit hilfreich)
- schaffen Sie Verständnis für das jeweils andere Bedürfnis.
- machen Sie sich und dem Team das gemeinsame Ziel bewusst.
- setzen Sie auf weitere Teambuildingmaßnahmen wie gezielte Workshops oder Events.

Ehrgeiz, Verbindlichkeit & Leistungsanspruch (X) vs. Spaß an der Arbeit (Y):
Wenn Ehrgeiz, Verbindlichkeit und Leistungsanspruch auf Spaß an der Arbeit treffen,

- schaffen Sie Verständnis für das jeweils andere Bedürfnis.
- setzen Sie auf transparente und offene Kommunikation, um Konflikte wie »Zeit absitzen, wenn alle Aufgaben erledigt sind« vs. »Regelarbeitszeiten« zu verhindern.
- sorgen Sie für Flexibilität und Vertrauen in beide Richtungen.
- richten Sie den Fokus immer wieder neu auf die Sicherstellung des Ergebnisses (hierfür ist ein beiderseitiges Commitment gefragt).
- stellen Sie Fragen, statt Vorgaben zu machen.
- ermutigen Sie Teams und Mitarbeitende dazu, Wünsche zu äußern und Fragen zu stellen.

115 https://de.wikipedia.org/wiki/NASA-Weltraumspiel (29.06.2023)

- schaffen Sie in Teambuilding-Workshops das Umfeld und die Kultur hierfür (Ziel-Erkenntnis: Erfolg kann auch Spaß machen!).

Sachlichkeit, Professionalität & wenig Emotionalität (X) vs. Harmoniebedürfnis, Emotionalität & Freundschaftlichkeit (Y):
Wenn Sachlichkeit, Professionalität und wenig Emotionalität auf Harmoniebedürfnis, Emotionalität und den Wunsch nach Freundschaftlichkeit treffen,

- verdeutlichen Sie das gemeinsame Ziel.
- schaffen Sie Verständnis für die Bedürfnisse/Gründe des/der anderen.
- praktizieren Sie »Vulnerable Leadership«. Die Idee geht auf die amerikanische Psychologin und Professorin Brené Brown zurück, die als Ergebnis einer langjährigen Studie mit Hunderten globalen Führungskräften Führung neu definiert: Führung zieht ihre Kraft nicht aus Macht, Titeln oder Einfluss. Effektive Chef*innen haben zu ihrem Team vielmehr eine intensive Beziehung, die von Vertrauen und Authentizität geprägt ist. Ein solcher Führungsstil bedeutet auch, dass man sich traut, mit Emotionen zu führen und immer mit vollem Herzen dabei zu sein.[116] Teilen Sie Erfahrungen und Fehler im professionellen Kontext. Seien Sie mutig und zeigen Sie auch persönliche Schwächen! Wichtig: Zeigen Sie Gefühle, aber verraten keine zu intimen Details. Bleiben Sie bei aller Authentizität in Ihrer Rolle – sonst droht eine Systemverstörung.[117]
- bieten Sie einen sicheren Raum, in dem es in Ordnung ist, auch mal emotional zu werden und in dem man sich öffnen kann. Hierfür bietet sich ein Teamworkshop oder Team-Event an. Machen Sie sichtbar, dass Emotionalität kein Erfolgsverhinderer ist und keinen Professionalitätsverlust bedeutet.
- schaffen Sie eine Kultur, in der Dinge offen angesprochen werden können, am besten mithilfe externer Begleitung durch Coaches, Trainer*innen oder eine Unternehmensberatung, die sie mit Teamworkshops und Führungskräftetrainings zum Thema Konfliktmanagement unterstützt.

116 https://www.humanresourcesmanager.de/leadership/7-gedanken-zu-vulnerable-leadership/ (29.06.2023)
117 Brown: Dare to lead.

5.2.2 Konfliktfelder Generation X vs. Generation Z und konkrete Lösungsansätze

Konfliktfelder Generation X vs. Z

X		Z
Effizienz	⟷	Sinnhaftigkeit
Pragmatismus / Sachlichkeit	⟷	globales Denken / Sinnhaftigkeit
Verantwortung für sich und andere (in einem festgelegten Rahmen) + Verantwortungsbewusstsein bei anderen	⟷	individuelle Entfaltung
Akzeptanz von Hierarchien / Struktur / Regeln / Ordnung Mitarbeiter + Teams, die dieses akzeptieren	⟷	flache Hierarchien / Augenhöhe
Einzelkämpfer	⟷	gemeinsamer Dialog
wenig Emotionalität / Sachlichkeit / Professionalität	⟷	ernst genommen werden Empathie
Leistungsanspruch	⟷	Sinn

Abb. 33: Konflikte zwischen Generationen: X vs. Z

Effizienz & Leistungsanspruch (X) vs. Sinn & Sinnhaftigkeit (Z):
Wenn Effizienz und Leistungsanspruch auf Sinn und Sinnhaftigkeit treffen,

- verdeutlichen Sie die gemeinsame Vision und schaffen Sie den Nährboden für ein beiderseitiges Commitment.
- fördern Sie gegenseitiges Verständnis und decken Sie vermeintliche Widersprüche auf.
- bestimmen Sie gemeinsam die Unternehmenswerte (Wie?) und das Unternehmensziel (Wohin?).
- schaffen Sie eine gute Balance zwischen reiner wirtschaftlicher Effizienz (Mensch kommt zu kurz) und reiner Sinnhaftigkeit (Ertrag und Stellensicherung kommen zu kurz).
- bieten Sie ehrenamtliche Angebote an und schaffen Sie Räume und Möglichkeiten für sinnhafte Tätigkeiten.
- definieren Sie gemeinsam messbare Ergebnisse (z. B. Teamergebnisse).
- fördern Sie gegenseitiges Vertrauen.

Pragmatismus & Sachlichkeit (X) vs. globales Denken & Sinnhaftigkeit (Z):
Wenn Pragmatismus und Sachlichkeit auf globales Denken und Sinnhaftigkeit treffen,

- machen Sie die Relevanz von globalem Zusammenhalt sichtbar und deutlich, indem Sie dessen Dringlichkeit anerkennen und im Unternehmenskontext ohne emotionale Eskalation und mit inhaltlicher Verantwortung in der Sache umsetzen (klar und fair bleiben!).

- erhalten Sie neben der Relevanz von globalem Zusammenhalt aber auch die Relevanz von individuellen Bedürfnissen (auf das Unternehmen bezogen).
- schaffen Sie Raum und Klima für einen offenen Dialog (aufeinander zu statt voneinander weg).
- schärfen Sie den Blick fürs große Ganze und weiten Sie die Perspektiven (hierfür sind ebenfalls von extern begleitete Teamworkshops und Führungskräftetrainings sehr gut geeignet).

Verantwortung für sich und andere & Verantwortungsbewusstsein bei anderen (X) vs. individuelle Entfaltung (Z):
Wenn Verantwortungsbewusstsein auf individuelle Entfaltung trifft,
- schaffen Sie Raum und Klima dafür, dass auf beiden Seiten Wünsche und Erwartungen klar geäußert werden können. Leiten Sie zu einem Commitment auf einen Rahmen an, der das möglich macht (Wie wollen wir arbeiten?). Stellen Sie auch Fragen, anstatt nur Aufträge zu erteilen. Regen Sie dazu an, Kompromisse und »Deals« einzugehen. Geben Sie weniger vor, lassen Sie mehr ausprobieren. Lernen Sie gemeinsam, auch mal loslassen zu können (hierfür empfiehlt sich ein Teamworkshop und ein Führungskräftetraining).
- unterstützen Sie den Prozess des Vertrauens, des Sich-aufeinander-verlassen-Könnens durch gezielte Workshops und/oder eine Begleitung durch eine Unternehmensberatung (wie z. B. Generation BOLD, das Institut für Generationenentwicklung).

Akzeptanz von Hierarchien, Strukturen, Regeln und Mitarbeiter und Teams, die diese akzeptieren (X) vs. flache Hierarchien & Augenhöhe (Z):
Wenn Akzeptanz von Hierarchien, Strukturen und Regeln auf flache Hierarchien und Augenhöhe trifft,
- fördern Sie aktives Zuhören und leben Sie dieses vor.
- schaffen Sie ein Klima gegenseitiger Wertschätzung. Immer motivierend wirkt ein Lob, allerdings eher kurzfristig. Nachhaltige Wertschätzung entsteht durch geäußerte Dankbarkeit füreinander. Drücken Sie Ihre Wertschätzung aus, wenn Sie etwas Wertvolles von Ihrem Gegenüber erhalten (Zeit, Wissen, Hilfe, Entlastung u.v.m.), indem Sie sich bei Ihren Kolleg*innen persönlich dafür bedanken. Lassen Sie Ihr Gegenüber wissen, wie genau und warum es Ihr Leben verbessert hat, und feiern Sie es dafür![118]
- sorgen Sie für eine Kultur des Vernetzens.
- praktizieren Sie wirkliches Change-Management: Was geht tatsächlich? Was ist gewünscht?
- binden Sie alle Beteiligten in die Prozesse ein und zeigen Transparenz bei Entscheidungen und Prozessen.
- ermöglichen Sie Mithör- und Mitspracherecht.
- erteilen Sie nicht nur Befehle.
- treten Sie aktiv gegen Machtmissbrauch ein.
- verdeutlichen Sie, dass die Zielerreichung auch ohne Hierarchien möglich ist (es braucht dafür aber klare Rollen und Zuständigkeiten).

118 Rosenberg: Gewaltfreie Kommunikation, S. 198.

- fördern Sie den Austausch untereinander, um Berührungsängste abzubauen.
- fördern Sie einen respektvollen Umgang und wohlwollende, wertschätzende Kommunikation (mithilfe eines Kommunikationstrainings, falls erforderlich) untereinander.

Einzelkämpfer*innen (X) vs. gemeinsamer Dialog (Z):
Wenn Einzelkämpfertum auf den Wunsch nach gemeinsamem Dialog trifft,

- verdeutlichen Sie die Weisheit der Gruppe (hierfür sind Methodentage zum Thema Teambuilding sehr gut geeignet).
- etablieren und fördern Sie Gewaltfreie Kommunikation (s. Kapitel 5.7.2)
- fördern Sie aktives Zuhören (Vertiefendes hierzu in Kapitel 5.7.1) und leben Sie es vor.
- schaffen Sie eine offene Kommunikationskultur und Räume für Dialog (begleitet durch externe Coaches/Trainer*innen).
- beziehen Sie alle Teilnehmenden mit ein: Sind **alle** Ideen von **allen** gehört worden (s. Grafik)?

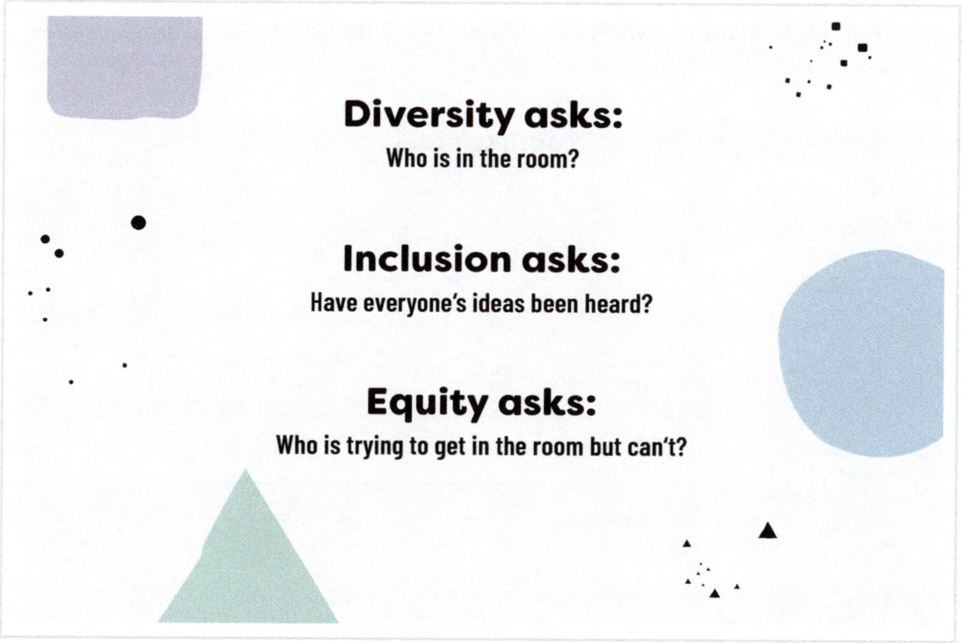

Abb. 34: Diverse Kommunikationskultur (Quelle: https://www.insidehighered.com/views/2017/03/30/colleges-need-language-shift-not-one-you-think-essay, 29.06.2023)

Wenig Emotionalität, Sachlichkeit & Professionalität (X) vs. Wunsch danach, ernst genommen zu werden & Empathie (Z):
Wenn wenig Emotionalität, Sachlichkeit und Professionalität auf Empathie und den Wunsch, ernst genommen zu werden, treffen,

- überprüfen Sie Ihre Kommunikationskultur: Wie sprechen wir miteinander? Hier ist ein Kommunikationstraining hilfreich, das vorzugsweise mit dem bewährten Modell des viel beachteten Kommunikationspsychologen Friedemann Schulz von Thun arbeitet (»Die vier Seiten einer Nachricht«).[119] Trainieren Sie, auf Augenhöhe zu agieren und in gutem Kontakt, in Verbindung zu sein. Praktizieren Sie Gewaltfreie Kommunikation. Trainieren und praktizieren Sie aktives Zuhören (s. Kapitel 5.7.1).

- praktizieren Sie Vulnerable Leadership (s. oben). Seien Sie empathisch und lassen Sie Emotionen zu und lernen gemeinsam im Team, dass es kein Nachteil ist, Emotionen zu zeigen und zu teilen.
- überprüfen Sie regelmäßig:
  - Werden alle gehört?
  - Haben alle Prozessbeteiligten ein Mitspracherecht?
  - Ist die Transparenz bei allen Prozessen gewährleistet?
- fördern Sie Vertrauen auf beiden Seiten, um Gefühle zeigen zu können. Ziel ist es, nahbar und menschlich zu sein (ohne zu intime Details preiszugeben).

5.2.3 Konfliktfelder Generation Y vs. Generation Z und konkrete Lösungsansätze

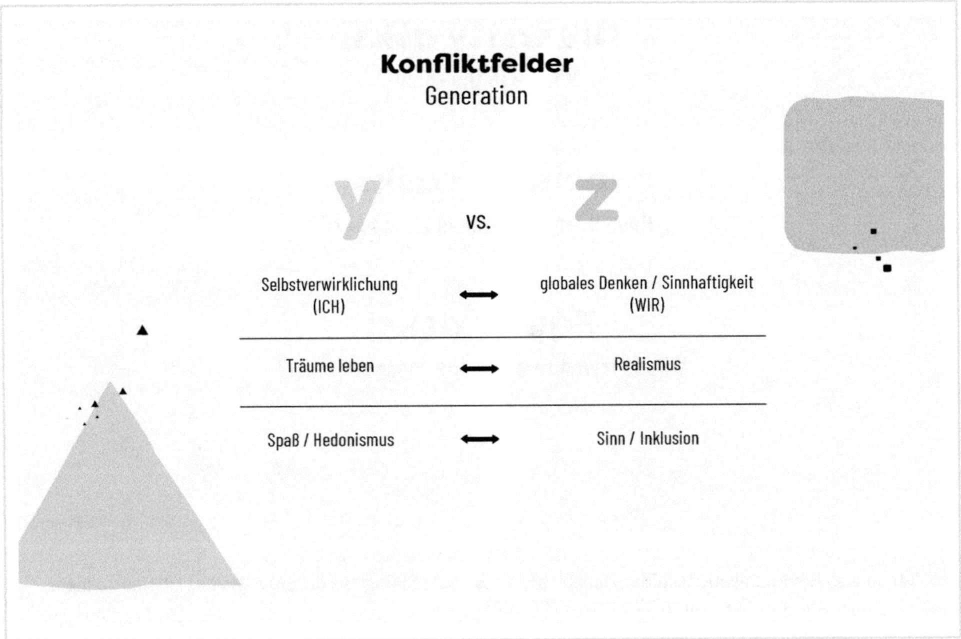

Abb. 35: Konflikte zwischen Generationen: Y vs. Z

119 Schulz von Thun: Miteinander reden. Band 1: Störungen und Klärungen.

Selbstverwirklichung (ICH) (Y) vs. globales Denken & Sinnhaftigkeit (WIR) (Z):
Wenn Selbstverwirklichung (ICH) auf globales Denken und Sinnhaftigkeit (WIR) trifft,

- legen Sie den Fokus auf den Sinn des gemeinsamen Ziels.
- agieren Sie auf Augenhöhe.
- schaffen Sie Dialog und Raum für Austausch:
  - Was braucht es gerade?
  - Was fehlt, wenn es nicht da ist?
  - Wie geht es den/dem/der anderen damit?
- schaffen Sie neben der sachlichen Ebene auch eine emotionale Ebene.
- würdigen Sie die Generation Y als Wegbereiter. Die Generation Z hat bessere Bedingungen, um groß denken zu können (WIR). Hierfür ist ein Teamworkshop gut geeignet, in dem eine gemeinsame Vision mit Sinn erarbeitet und gleichzeitig Raum für Selbstverwirklichung ermöglicht wird.

Träume leben (Y) vs. Realismus (Z):
Wenn Träume auf Realismus treffen,

- zeigen Sie Gründe für den Realismus auf (Dringlichkeit, Handlungsbedarf). Verdeutlichen Sie, warum man hinsehen *muss*, nicht wegsehen kann.
- verdeutlichen Sie, dass trotzdem Raum für Träume da ist. Machen Sie Zugeständnisse an die Individualität und zeigen Sie Verständnis für dieses Bedürfnis.
- kann die Bedeutung von Kommunikation nicht hoch genug angesetzt werden. Ein methodisch dichtes Kommunikationstraining ist hilfreich und wirkt zielführend.

Spaß & Hedonismus (Y) vs. Sinn & Inklusion (Z):
Wenn Spaß und Hedonismus auf Sinn und Inklusion treffen,

- verdeutlichen Sie, dass der Teamgedanke die Brücke zwischen den Generationen Y und Z ist. Hier ist z. B. ein Workshop sinnvoll, in dem folgendes Thema erarbeitet wird: Was deckt die Bedürfnisse beider Generationen ab (z. B. Incentives vs. Nachhaltigkeit)? Ebenfalls ist ein Workshop zielführend, in welchem folgendes Thema erarbeitet wird: Muss Sinnhaftigkeit immer ernst sein? (Sinn sollte ernst genommen werden, aber darf Sinnhaftes nicht auch Spaß machen?)
- überprüfen Sie immer wieder, ob alle Prozessbeteiligten gehört wurden (s. Abbildung 34).

5.3 Das PMAZF-Modell

Das folgende Modell ist unser konkreter, arbeitsrealitätsnaher Lösungsvorschlag für die intergenerativen Herausforderungen der heutigen Arbeitswelt. Um den verschiedenen Ebenen zwischenmenschlichen Interagierens in Unternehmen gerecht zu werden, haben wir die wichtigsten fünf Parameter in den Fokus unseres Modells gerückt:

Persönlichkeitsprofile, **M**otivation, **A**rbeitsorganisation, **Z**usammenarbeit und **F**ührung.

Aus den folgenden grafischen Veranschaulichungen erfahren Sie, welche typischen Eigenschaften, Stärken und Werte die unterschiedlichen Generationen auszeichnen und was Arbeit für sie in erster Linie bedeutet. Sie werden nachvollziehen, welche Anreize und Aussagen die Vertreter*innen der einzelnen Generationen zu Höchstleitungen motivieren, welche Organisationsstrukturen oder Technologien sie im Arbeitskontext (nicht) benötigen, was sie unter Work-Life-Balance verstehen, wie ein gelungenes Miteinander für sie aussieht und wann sie sich wirklich geschätzt fühlen. Auch wenn Hierarchien heute in einigen Branchen bereits flacher und durchlässiger gestaltet sind, ist das Thema Führung gerade im Generationenkontext unerlässlich, weil sich hier die größten Unterschiede zwischen den Generationen abzeichnen und somit die größten Herausforderungen für Führungskräfte in Firmen liegen. Wie wollen die Zugehörigen der einzelnen Generationen geführt werden? Wie wichtig sind ihnen zum Beispiel Selbstbestimmung, Transparenz und Feedback? Aber auch umgekehrt: Wie führen die Führungskräfte aus den Generationen X, Y und Z? Wie wichtig sind ihnen hierbei zum Beispiel Werte wie Respekt, Effizienz oder Inklusion? Extratipps für jede Generation runden die folgenden Ausführungen und Visualisierungen ab.

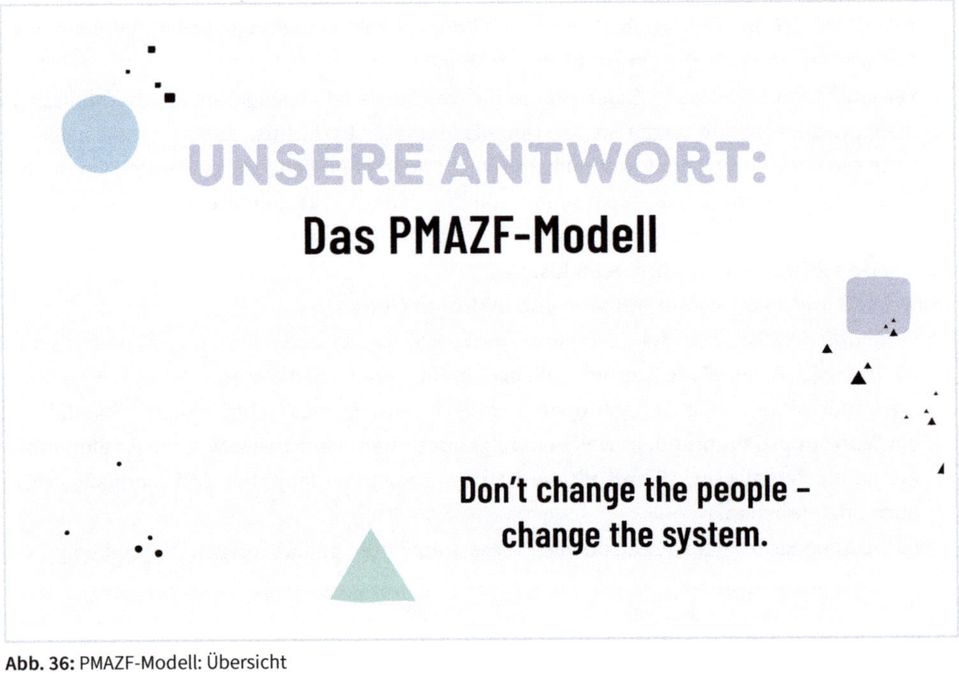

Abb. 36: PMAZF-Modell: Übersicht

Persönlichkeitsprofile

	BB	X	Y	Z
Typische Eigenschaften	optimistisch, tatkräftig, team- & wettkampforientiert, konfliktvermeidend, pflichtergeben	skeptisch, pragmatisch, sachlich, eigenständig, pflichtbewusst	gefühlsorientiert, sinnsuchend, sprunghaft, sozial vernetzt, anspruchsvoll, selbstbewusst	realistisch, vielfältig, global, hypervernetzt, kurze Aufmerksamkeitsspanne, fordernd
Stärken	engagiert, durchsetzungsstark, loyal	anpassungsfähig, unabhängig, verantwortungsbewusst	technisch versiert, teamfreudig, multitaskingfähig	technologiekompetent, maximal flexibel, in der Lage, Bedürfnisse und Wünsche zu äußern & einzufordern
Schwächen	strukturverhaftet, hierarchieorientiert, wenig zeitlich & räumlich flexibel	kontrolliert & kontrollierend, nicht delegierend, emotional distanziert	aufmerksamkeitssuchend, sprunghaft, kritisch gegenüber Kritik	kurzlebig, wenig selbstständig, extreme Ansprüche
Werte	Loyalität, Ordnung, Sorgfalt, Status, Strebsamkeit, Demokratie, Zusammenwirken	Autonomie, Erfolg, Kompetenz, Professionalität, Zielorientierung, Produktivität	Authentizität, Spaß, Transparenz, Selbstverwirklichung, Abwechslung, Sinnstiftung, Zugehörigkeit	Erfüllung, Sinnhaftigkeit, globale Verbundenheit, Toleranz, Informationsfreiheit, Integrität
Arbeitsethos	hohe Arbeitsmoral, intrinsisch motiviert, Wunsch nach Qualität, Erwartungen der Gesellschaft erfüllen	Produktivität ist das A & O, Konzentration auf Ergebnisse, Unternehmensziele wichtiger als persönliche Ziele	Job muss der Selbstverwirklichung dienen, Fokus auf persönliche Lebensziele und Sinnfindung, Abkehr von kompletter Hingabe und Aufopferung für die Arbeit	noch auf der Suche nach dem eigenen Antrieb, wünschen sich auf jeden Fall einen sicheren Arbeitsplatz und wollen einen Beruf, der sie sinnstiftend erfüllt und Spaß macht
Arbeit ist...	... intensiver Einsatz für die Karriere.	... alles.	... so wichtig wie Freizeit.	... nur dann richtig für mich, wenn sie sinnstiftend ist.

Abb. 37: Persönlichkeitsprofile (Quelle: Mangelsdorf: Von Babyboomer bis Generation Z; Tavolato: Aktives Generationen-Management; Rump/Eilers: Die jüngere Generation in einer alternden Arbeitswelt; Hurrelmann/Albrecht: Generation Greta; Hurrelmann/Albrecht: Die heimlichen Revolutionäre; Kring/Hurrelmann: Die Generation Z erfolgreich gewinnen, führen, binden)

Motivation

	BB	X	Y	Z
Anreiz für Hochleistung & Leistungsmanagement	▪ große, ambitionierte Ziele ▪ Druck, wenn er nachvollziehbar ist ▪ etablierte Prozesse (jährlicher Zyklus)	▪ persönliche & klare Ziele ▪ sichtbarer Erfolg ▪ Termindruck ▪ messbarer Austausch von Geben & Nehmen ▪ zweckorientierter Prozess ▪ Belohnung für Leistung & Ergebnis	▪ gute Sache, für die es sich zu kämpfen lohnt ▪ Ambitionen wecken ▪ Sinnstiftung ▪ gemeinsame Zielsetzung ▪ Belohnung für Einsatz ▪ zeitnahe Rückmeldung	▪ großer Bedarf an Innovation, um eine komplexe, schnelllebige Realität widerzuspiegeln
Vergütung	▪ wichtig für die Altersvorsorge ▪ verdient man sich durch Fleiß, Beschäftigungsdauer, Status & Aufstieg	▪ extrem wichtig, v.a. zur Mitarbeiterbindung ▪ Zusatzleistungen wie Boni, Gewinnanteile, Sonderzahlungen, geldwerte Zusatzleistungen sind attraktiv	▪ wichtiger Faktor, um Frust zu vermeiden, fördert aber nicht automatisch die Motivation	▪ sollte fair und leistungsgerecht sein, liegt aber bei den Anforderungen an den Beruf nur im Mittelfeld
Feedback	▪ nicht gewohnt, Feedback zu geben oder zu erhalten ▪ tun sich schwer mit Kritik für sich selbst und andere	▪ äußern leichter Kritik als Lob ▪ ständiges Bedürfnis nach Zuspruch und Lob erscheint ihnen fremd	▪ brauchen positive Bestätigung und unmittelbare Belohnung – je häufiger, desto besser	▪ wünschen sich ehrliches, authentisches & realistisches Feedback ▪ sind belastbarer als erwartet
Extra-Tipp	▪ aktive Einbeziehung in die Personalentwicklung, z.B. als Coach oder Mentor	▪ kleine Etappenziele motivieren ▪ selbstbestimmte Karriereplanung	▪ Laufbahn muss zum selbstgewählten Lebensmodell passen (individuelle Karriereplanung basierend auf Wünschen & Werten)	▪ Arbeitgeber punkten mit Gefühls- und Erlebniswelten ▪ agiles Lernen und Eigeninitiative sollten gewünscht, ermöglicht und gefördert werden
Aussagen, die motivieren	„Sie werden gebraucht und geschätzt für Ihre Kompetenzen und Erfahrungen."	„Arbeiten Sie so, dass es für Sie passt. Sie haben mein Vertrauen."	„Ich schätze dich für deinen großen Ideenreichtum. Du bist für mich ein wertvoller und unverzichtbarer Teil meines Teams."	„Wir brauchen deine individuelle Persönlichkeit. Wir wollen von dir lernen."

Abb. 38: Motivation (Quelle: Mangelsdorf: Von Babyboomer bis Generation Z; Tavolato: Aktives Generationen-Management; Rump/Eilers: Die jüngere Generation in einer alternden Arbeitswelt; Hurrelmann/Albrecht: Generation Greta; Hurrelmann/Albrecht: Die heimlichen Revolutionäre; Kring/Hurrelmann: Die Generation Z erfolgreich gewinnen, führen, binden)

Arbeitsorganisation

	BB	X	Y	Z
Organisationsstruktur	▪ sind Hierarchien und klare Strukturen gewohnt ▪ akzeptieren Autorität ▪ finden sich auch in modernen Matrixstrukturen dank diplomatischem Geschick zurecht	▪ bevorzugen eine Struktur, die Freiraum und selbstbestimmtes Arbeiten ermöglicht (solange der eigene Aufstieg gewährleistet ist) ▪ vereinfachen Strukturen gerne (solange die eigene Machtbefugnis nicht beschnitten wird)	▪ sind ohne klassische Hierarchien groß geworden ▪ agieren automatisch auf Augenhöhe ▪ tun sich schwer damit, Autorität zu akzeptieren ▪ flache Hierarchien & direkte Kommunikationswege sind für sie die Organisationsstruktur der Zukunft	▪ mögen klare Strukturen, solange sie darin ernst genommen werden ▪ wollen von kompetenten Vorgesetzten lernen ▪ sehen Matrixorganisationen als Möglichkeit an, sich in verschiedenen Bereichen auszuprobieren
Flexibilität	▪ freuen sich über Flexibilität, aber erwarten oder fordern sie nicht ▪ maßgeschneiderte Arbeitsmodelle sind ungewohnt ▪ Verpflichtung und Hingabe stehen an erster Stelle	▪ Flexibilität ist ein wichtiger Schlüssel, um ihr Leben und damit auch ihre Karriere zu managen ▪ steht weit oben auf ihrer Prioritätenliste	▪ fordern absolute Flexibilität und die Freiheit, zu entscheiden, wann und von wo sie arbeiten wollen ▪ vertrauen auf Technologie, um die Flexibilität zu ermöglichen	▪ haben noch keine klare Präferenz, sind aber dank mobiler Kommunikation und stetigem Wissenszuwachs und Wissensverbreitung absolute Flexibilität gewohnt
Technologie	▪ kennen die Arbeitswelt noch ohne moderne Technologie, so dass es ihnen schwerfallen kann, sich daran zu gewöhnen ▪ die Mehrheit ist jedoch lernwillig und weiß was zu tun ist, wenn die Technologie einmal streikt	▪ sind technikaffin, aber nicht technikabhängig ▪ nehmen neue Technologien bereitwillig an, vor allem wenn sie dabei helfen, effizienter zu sein ▪ wenn Xer lernen, Technik zu verstehen, dann wollen sie sie auch beherrschen	▪ sind technikbegeistert und nutzen Technologie, ohne sie im Detail analysieren zu wollen ▪ digitale Medien sind ein normaler Bestandteil ihrer Existenz ▪ sie sind 24/7 mobil online und fühlen sich in der virtuellen Welt genauso zuhause wie im echten Leben	▪ als Digital Natives haben sie keinerlei Berührungsängste mit neuen Medien ▪ arbeiten bevorzugt mit mobilen Endgeräten ▪ zeigen mitunter „Entzugserscheinungen", wenn sie ohne Verbindung zur digitalen Welt auskommen müssen
Work-Life-Balance (auch perspektivisch)	▪ gehen davon aus, dass Beruf und Privat leben getrennte Lebensbereiche sind, die in Einklang gebracht werden müssen ▪ vornehmliches Ziel: nachhaltige Leistungsförderung, vor allem mittels flexibler Arbeitszeit und gesundheitsfördernder Angebote	▪ trennen Berufs- und Privatleben, haben aber beiden gegenüber ein schlechtes Gewissen, weil irgendetwas immer zu kurz kommt	▪ leben Work-Life-Blending, denn für sie ist der Job idealerweise eine sinnstiftende Erweiterung ihres Lebens ▪ ihnen geht Lebensqualität in Form von persönlichem Wohlbefinden, Freizeitaktivitäten und Zeit für Beziehungen über alles	▪ müssen ihre Work-Life-Balance-Philosophie erst noch finden, werden diese dann aber selbstbewusst äußern und konsequent einfordern ▪ Arbeitgeber sollten bereits frühzeitig den Dialog suchen, um entsprechende Maßnahmen anbieten zu können

Abb. 39: Arbeitsorganisation (Quelle: Mangelsdorf: Von Babyboomer bis Generation Z; Tavolato: Aktives Generationen-Management; Rump/Eilers: Die jüngere Generation in einer alternden Arbeitswelt; Hurrelmann/Albrecht: Generation Greta; Hurrelmann/Albrecht: Die heimlichen Revolutionäre; Kring/Hurrelmann: Die Generation Z erfolgreich gewinnen, führen, binden)

Zusammenarbeit

	BB	X	Y	Z
Meetings	persönliche Besprechungen, vorher Termin vereinbaren und vorab Infos zusenden	müssen effizient und zielführend sein, ziehen Emails für schnelle, kurze Absprachen vor	moderne Technologie erleichtert die (virtuelle) Zusammenarbeit	streben nach einer Balance zwischen digitaler und persönlicher Interaktion
Miteinander	Kritik wohldosiert, zur richtigen Zeit und in angemessenem Ton anbringen	fühlen sich durch Wettbewerb beflügelt und empfinden Teamwork ab und zu als hinderlich	Leben individuelle Vielfalt, arbeiten vorzugsweise im Team, mögen soziale Interaktion	bringen Unternehmergeist (Social Entrepreneurship) mit, wollen sich einsetzen
Umgangston	freundlich & höflich	professionell & sachlich	auf Augenhöhe & locker	ehrlich & geradlinig
Fühlen sich geschätzt…	… wenn ihre Erfahrung gewürdigt wird und sie diese mit anderen teilen können.	… wenn sie selbstbestimmt und ohne Kontrolle arbeiten können & für ihre Leistung honoriert werden.	… wenn sie den Status Quo hinterfragen, mitreden und ihre Ideen einbringen können.	… wenn sie Eigenverantwortung übernehmen und ernst genommen werden.
Respekt	Anerkennung von Status sowie Disziplin und Höflichkeit bringen Respekt zum Ausdruck	respektieren effiziente Prozesse, professionelle, direkte und sachliche Kommunikation & schnelle Entscheidungen	Respekt wird anderen aufgrund ihres Verhaltens, nicht aufgrund ihrer Position zuteil	respektieren andere für ihre Individualität und für Kompetenzen, die offen geteilt werden
Extra-Tipp	Präsentationsmaterial sollte klar strukturiert und nach Relevanz aufbereitet sein, eine tadellose Form wird vorausgesetzt	bevorzugen in der Regel eine klare Trennung von Berufs- und Privatleben, ihr Wunsch nach Diskurs ist nicht gleichzusetzen mit Kritik am Gegenüber	streben nach Sinnfindung, wollen wissen, warum eine Tätigkeit wichtig ist und wie sie in den (unternehmerischen) Gesamtkontext passt	geistiges Eigentum hat einen geringen Stellenwert, Kollaborationen und Schwarmintelligenz sind Trumpf

Abb. 40: Zusammenarbeit (Quelle: Mangelsdorf: Von Babyboomer bis Generation Z; Tavolato: Aktives Generationen-Management; Rump/Eilers: Die jüngere Generation in einer alternden Arbeitswelt; Hurrelmann/Albrecht: Generation Greta; Hurrelmann/Albrecht: Die heimlichen Revolutionäre; Kring/Hurrelmann: Die Generation Z erfolgreich gewinnen, führen, binden)

Führung

	BB	X	Y	Z
Wie sie führen:	▪ demokratischer Führungsstil ▪ klare Anweisungen ▪ erwarten Respekt für Position, Erfahrung, Hierarchiestufe ▪ beraten sich vor Entscheidungen ▪ „Lehrjahre sind keine Herrenjahre" ▪ belohnen Leistung & Loyalität ▪ virtuelles Führen ist ungewohnt & schwer vorstellbar (Kontrollverlust)	▪ prozessorientierter Führungsstil ▪ führen auf Distanz (gerne per Email) ▪ erwarten Respekt für Kompetenz & Professionalität ▪ entscheiden im Alleingang & tragen die Konsequenzen ▪ Effizienz & Ergebnisse wichtiger als Betriebsklima ▪ belohnen Erfolge und sind ergebnisorientiert ▪ virtuelle Führung stellt sie vor Herausforderungen (loslassen können / vertrauen / delegieren)	▪ partizipativer Führungsstil ▪ managen integrativ ▪ ihre Karriere läuft nicht linear (im Gegensatz zu X & BB) ▪ erwarten Respekt für Persönlichkeit & gelebte Vielfalt ▪ entscheiden lieber im Team ▪ erwarten vom MA, dass er sich Information selbst besorgt & Wissen teilt ▪ belohnen Einsatz und Innovation ▪ virtuelles Führen ist normal & natürlich	▪ momentan offen (bisher wenig bis noch nicht in Führungspositionen) ▪ werden völlig neue Dimensionen von • Inklusion • Vernetzung • Transparenz • Verfügbarkeit von Wissen & Informationen verinnerlicht haben
Wie sie geführt werden wollen:	▪ klare Strukturen, Anweisungen & Zuständigkeiten ▪ schätzen direkten Kontakt ▪ wollen kooperieren ▪ teilen Wissen gern mit Jüngeren ▪ wollen für Erfahrung & Loyalität belohnt werden ▪ erwarten Seriosität & Ernsthaftigkeit ▪ schätzen höhergestellte Mentoren ▪ Konflikte erfordern Sensibilität der FK	▪ haben ein großes Bedürfnis nach Unabhängigkeit & Selbstbestimmung ▪ brauchen klare Erwartungshaltung der FK & konkrete Zielformulierungen ▪ definieren sich über Leistung & Kompetenz & wollen dafür belohnt werden ▪ brauchen die Freiheit, ihre Meinung ohne negative Konsequenzen äußern zu dürfen ▪ halten gerne professionelle Distanz ▪ reagieren sensibel auf Einmischung & Kontrolle ▪ bevorzugen kompetente FK	▪ fordern Authentizität, Transparenz & integrative Führung ▪ wollen Augenhöhe ▪ brauchen eine Vision, die sie inspiriert & begeistert ▪ erwarten Idealismus & Realitätssinn zugleich ▪ Mut zur Ehrlichkeit ▪ starke Vorliebe für Coaching & Mentoring ▪ übertragen berufliche Kontakte gern ins Privatleben ▪ wollen für Einsatz belohnt & gelobt werden ▪ erwarten von FK Unterstützung & kontinuierliche Wertschätzung in Form von positivem Feedback	▪ wünschen sich gerechte, kompetente, verständnisvolle & freundliche FK ▪ FK soll Leistung anerkennen, MA motivieren & für seine Vorschläge offen sein ▪ FK soll auch in hektischen Phasen Ruhe ausstrahlen ▪ mögen unterstützenden Führungsstil, der zum Erreichen ihrer hochgesteckten Ziele anspornt & den Weg dahin ebnet ▪ Team führt sich selbst (kollaborative Schwarmführung statt hierarchischer Führungsstruktur)

Abb. 41: Führung (Quelle: Mangelsdorf: Von Babyboomer bis Generation Z; Tavolato: Aktives Generationen-Management; Rump/Eilers: Die jüngere Generation in einer alternden Arbeitswelt; Hurrelmann/Albrecht: Generation Greta; Hurrelmann/Albrecht: Die heimlichen Revolutionäre; Kring/Hurrelmann: Die Generation Z erfolgreich gewinnen, führen, binden)

5.4 Generationenkonflikte konstruktiv ansprechen, deeskalieren und lösen

Konflikte im Unternehmen entstehen in der Mehrheit dadurch, dass die Ziele, Verantwortlichkeiten oder Aufgaben im Unternehmen nicht klar definiert sind. Sie beginnen originär auf der Sachebene, werden jedoch auf der emotionalen Ebene ausgetragen. Ist die Gefühlsebene erreicht, eskaliert die Situation rasant. Vielleicht haben Sie selbst schon einmal miterlebt – sei es als Teil eines Konfliktes oder als Außenstehende*r –, wie aus einem kleinen Zusammenstoß, beispielsweise ausgelöst durch den zu lockeren, informellen Ton in einer E-Mail eines Teammitglieds an eine*n Vorgesetzte*n, eine hitzige Diskussion (beim genannten Beispiel um das Thema Kommunikation) entsteht.

Ziel dieses Kapitels soll daher sein, eine gute *Haltung* im Umgang mit Konflikten zu entwickeln. Was ist damit genau gemeint – und kann man überhaupt eine gute Haltung zum Thema Konflikte haben?

Führungskräfte in Unternehmen sind häufig fest davon überzeugt, gute Arbeit zu leisten, wenn in ihren Bereichen nur Harmonie vorherrscht. Sie übersehen allerdings, dass Konflikte ein maßgeblicher Bestandteil von Zusammenarbeit, Kommunikation und Beziehung sind. Und dass Harmonie letztlich eine Illusion ist. In jedem Team gibt es Reibungspunkte – sogar wenn sich an diesen keine laute Diskussion entzündet, sind sie dennoch existent.

Differenzen und Zwist sind somit nichts, das um jeden Preis verhindert oder ignoriert werden sollte, sondern etwas sehr Wirksames. Sie offenbaren nämlich, dass Mitarbeitende nicht so gut zusammenarbeiten, wie sie zusammenarbeiten *könnten*. Sie sind immer ein Hinweis darauf, dass das Zusammenwirken von Menschen *verbessert* werden kann und damit enorm hilfreich und wertvoll für Leader*innen wie Teams. Aus dieser Perspektive ist es sinnvoll, Konflikten mit einer *positiven* Grundhaltung zu begegnen.

Spannungen in Unternehmen, die nicht konstruktiv bearbeitet und geklärt werden, erschweren die effektive Zusammenarbeit und infolgedessen auch den Erfolg der Firma, da sie folgende Parameter nachweislich negativ beeinflussen:

- interne Kommunikation und Entscheidungen,
- hohe Flexibilität in Arbeitsprozessen,
- kontinuierliche Leistung der Mitarbeitenden,
- exzellentes Qualitätsniveau,
- Wachstum,
- Innovationen,
- optimale Nutzung der vorhandenen Kompetenzen und Ressourcen,
- Kostenoptimierung (u.a. durch gemeinsam genutzte Ressourcen).

Schädlichen Einfluss haben schwelende Konflikte aber nicht nur auf das gesamte Unternehmen – sie betreffen auch die einzelnen Mitarbeitenden und können auf deren emotionaler Seite starke negative Gefühle wie Stress, Unzufriedenheit, Demotivation, Instabilität und Verwirrung bis hin zu Angst verursachen.

Aus beiden Gründen ist es für Organisationen erfolgsentscheidend, Konflikte nicht als Störung, sondern als Basis für effektive, neue Lösungen wahrzunehmen. Nur durch diese Einstellung können die positiven Funktionen von Reibungspunkten genutzt werden:

- Freisetzung von Energie,
- Verhindern von Stagnation,
- Stärkung der Kreativität,
- Rollenklärung im Team,
- Spannungsabbau,
- Steigerung der Innovationskraft,
- Aufbrechen von verkrusteten und festgefahrenen Strukturen,
- Erhöhung des Gruppenzusammenhalts,
- Schaffung einer persönlichen Arbeitsatmosphäre,
- Change-Fähigkeit.

Jede Kontroverse ist somit primär als Chance zu sehen, in Organisationen etwas zu optimieren. Diese Grundhaltung fordert von Führungskräften einen professionellen und positiven Umgang mit Differenzen, das heißt: Sie dürfen Konflikten nicht ausweichen, sondern sollten ihnen aktiv begegnen, sie bearbeiten und zu konstruktiven Lösungen bringen.

Es wird mehr als deutlich, welchen immensen Einfluss sowohl das strategische Verhalten von Führungskräften in Konfliktsituationen als auch ihr Wissen über wirksame Instrumente zu deren Bewältigung haben. Im Folgenden wollen wir zwei für uns fundamentale Methoden vorstellen, die jede Führungskraft kennen und anwenden (lernen) sollte, um erstens ihrer Führungsaufgabe gerecht zu werden und zweitens auch komplexe (Kommunikations-)Probleme lösen zu können.[120]

5.4.1 Aktives Zuhören

Intensiv und konzentriert zuzuhören ist eine Fähigkeit, die viele Fach- und Führungskräfte erst (oder wieder) lernen müssen. Sie ist jedoch unerlässlich für eine wohlwollende, wertschätzende Kommunikationskultur in Teams und Unternehmen (und im Übrigen sehr wertvoll auch im privaten Kontext).

120 IFW Institut für Fort- und Weiterbildung München.

Zum aktiven Zuhören gehören vor allem drei Dinge:

1. Aufmerksam sein
2. Aufmerksamkeit zeigen
3. Das Verstandene umschreiben

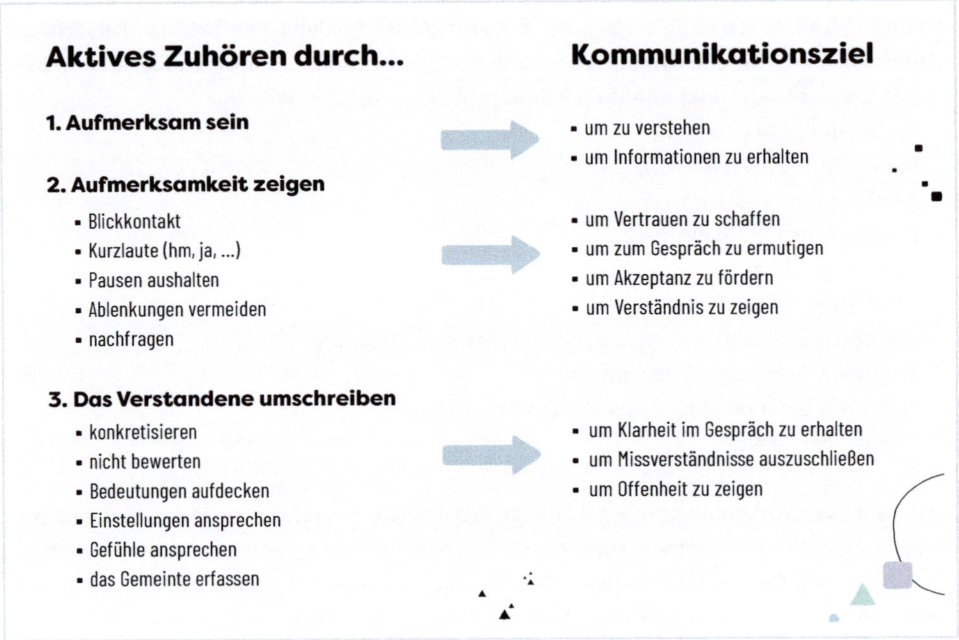

Abb. 42: Aktives Zuhören (Quelle: IFW Institut für Fort- und Weiterbildung München)

Wenn Sie im Dialog neben dem, was gesagt wird (= das Gesagte), auch noch das, was tatsächlich gemeint ist (= das Gemeinte), erfassen, haben Sie die Chance, die Erkenntnis und das damit verbundene gute Gefühl »Hier werde ich verstanden!« beim Gegenüber auszulösen. Aktives Zuhören schließt damit zum einen Missverständnisse aus, zum anderen schafft es ein bejahendes Klima in der Beziehung, sodass sich der/die Gesprächspartner*in rundum verstanden fühlt.

Aktives Zuhören sollte allerdings *keinesfalls* als Trick oder Technik zur Manipulation verstanden werden mit dem Ziel, dass andere sich so verhalten oder denken, wie *Sie* es sich wünschen. Die positiven Auswirkungen von aktivem Zuhören basieren auf dem Verstehen*wollen*. Ohne diese zugewandte Haltung fühlt sich das Gegenüber schnell unwohl und Sie werden – statt Nähe und Vertrauen herzustellen – auf Irritation, Ablehnung oder Widerstand stoßen und im schlimmsten Fall die Beziehungs- und Vertrauensebene nachhaltig schädigen. Aktives Zuhören ist schlussendlich keine Methode, sondern eine *Grundeinstellung.*[121]

---

121 IFW Institut für Fort- und Weiterbildung München.

5.4.2 Gewaltfreie Kommunikation

Die Gewaltfreie Kommunikation (GFK) ist ein Prozess der Kommunikation, der noch einen Schritt weiter geht als das aktive Zuhören: Er hilft uns ebenso, bewusster zuzuhören und unserem Gegenüber mit unserer ganzen Präsenz empathisch zu begegnen. Gleichzeitig lernen wir, uns ehrlich und klar auszudrücken, ohne andere zu verletzen. Denn auch wenn wir es gar nicht beabsichtigen, können unsere Worte oder unsere Art zu sprechen oftmals Verletzung und Leid zur Folge haben. Der Begründer der Gewaltfreien Kommunikation, der US-amerikanische Psychologe Marshall B. Rosenberg, definiert den Kern seiner Methode folgendermaßen: »Die GFK gründet sich auf sprachliche und kommunikative Fähigkeiten, die unsere Möglichkeiten erweitern, selbst unter schwierigen Umständen menschlich zu bleiben. [...] [Sie] hilft uns bei der Umgestaltung unseres sprachlichen Ausdrucks und unserer Art zuzuhören. Aus gewohnheitsmäßigen, automatischen Reaktionen werden bewusste Antworten, die fest auf dem Boden unseres Bewusstseins dessen stehen, was wir wahrnehmen, fühlen und brauchen. Wir werden angeregt, uns ehrlich und klar auszudrücken und gleichzeitig anderen Menschen unsere respektvolle und einfühlsame Aufmerksamkeit zu schenken. Unabhängig vom Thema eines Gesprächs [...]. Die GFK trainiert uns, sorgfältig zu beobachten und die Verhaltensweisen und Umstände, die uns stören, genau zu bestimmen. Wir lernen, in einer bestimmten Situation zu erkennen, was wir konkret brauchen, und es klar auszusprechen. Die Form ist einfach und hat doch starke Transformationskraft.«[122]

Rosenbergs Kommunikationsinstrument kann in unterschiedlichsten Situationen angewandt werden, sowohl in engen Beziehungen (wie Familie, Freundschaft und Partnerschaft) als auch in Organisationen und Institutionen und bei Konflikten und Auseinandersetzungen jeglicher Art. Ihre Universalität, die über kulturelle, religiöse und ebenso Altersgrenzen hinweggeht, macht die Gewaltfreie Kommunikation auch für unser Thema Generationenentwicklung hochinteressant.

Wollen wir sie in Interaktionen erfolgreich einsetzen, sollten wir uns an vier Schritte halten, welche die vier Komponenten der GFK bilden:

1. Beobachtungen
2. Gefühle
3. Bedürfnisse
4. Bitten[123]

Schritt 1: Beobachtungen (äußern)

Für die meisten von uns ist es schwierig, Menschen und deren Verhalten in einer Weise zu beobachten, die frei ist von Bewertung, Verurteilung, Kritik oder anderen Form der Analyse. Zum ersten Schritt der GFK gehört deswegen das Auseinanderhalten von Beobachtung und Bewer-

122 Rosenberg: Gewaltfreie Kommunikation, S. 18/19.

123 Rosenberg: Gewaltfreie Kommunikation, S. 21/22, 25.

tung. Wir erfassen das, was wir beobachten und was uns stört, und fassen es in Worte, *ohne* es mit irgendeiner Form von Bewertung zu verbinden. Denn: Wenn wir eine Beobachtung mit einer Bewertung vermischen, können andere leicht Kritik hören und wehren das ab, was wir eigentlich sagen wollen.

> **Beispiel:**
>
> Zur Veranschaulichung des Prozesses der GFK wählen wir bei Schritt 1 und den folgenden Schritten das Beispiel eines Mitarbeitenden, der sich über die Terminfindung bei seiner Führungskraft wie folgt beklagt:
>
> Bewertung:
>
> »Sie haben nie Zeit für mich.« Als reine Beobachtung (Schritt 1 der GFK) formuliert klänge es so:
>
> - »Mir ist aufgefallen, dass Sie die letzten drei Male, als ich einen Termin mit Ihnen vereinbart hatte, kurz zuvor abgesagt haben.«

> **Hinweis:**
> Wörter wie immer, nie, jedes Mal, selten usw. begünstigen, dass sich Beobachtung und Bewertung vermischen. Sie provozieren eher Abwehr als Mitgefühl. Beobachtungen sollten daher *konkret* auf einen *Zeitrahmen* und auf den *Zusammenhang* bezogen werden (s. Beispiel oben).[124]

Schritt 2: Gefühle (teilen)

Ein häufig vorkommendes Missverständnis wird durch unseren Sprachgebrauch ausgelöst. Wir sprechen das Wort »fühlen« aus, ohne dass wir damit wirklich ein *Gefühl* benennen. Wenn wir in Schritt 2 der GFK unsere Emotionen (mit-)teilen, ist es daher wichtig, *Gefühle* von *Gedanken* zu unterscheiden. In der GFK differenziert man zwischen Wörtern, die tatsächliche Gefühle ausdrücken, und Wörtern, die vielmehr beschreiben, was wir darüber *denken*, wie wir uns fühlen. Ein Beispiel: »Ich fühle mich von meinen Teamkollegen ignoriert.« Wörter wie »ignoriert« drücken statt unserer eigenen Gefühle unsere Interpretation anderer Menschen aus. In der beschriebenen Situation *fühlt* sich die Person eher enttäuscht oder frustriert, wenn sie *denkt*, sie wurde ignoriert, weil sie dazugehören möchte. Wollen wir unsere Emotionen in Worte fassen, ist es hilfreich, Wörter zu benutzen, die *spezifische* Gefühle beschreiben, statt solcher, die vage oder allgemein sind. Je klarer und deutlicher wir unser tatsächliches Gefühl benennen, desto leichter können wir miteinander in Kontakt treten.

124 Rosenberg: Gewaltfreie Kommunikation, S. 38, 40, 43.

Beispiel:

Übertragen auf unser Beispiel »Terminfindung«, müsste es somit lauten:

- »Mir ist aufgefallen, dass Sie die letzten drei Male, als ich einen Termin mit Ihnen vereinbart hatte, kurz zuvor abgesagt haben. (Schritt 1)
  Ich bin irritiert.« (Schritt 2)

Hinweis:
Wird die GFK als Instrument zur Konfliktlösung angewandt, ist es wichtig, dass wir uns zugestehen, mit dem Ausdrücken unserer Gefühle auch ein Stück weit unsere Verletzlichkeit zu zeigen.[125]

Schritt 3: Bedürfnisse (artikulieren)
Im nächsten Schritt verknüpfen wir unsere Gefühle mit den dahinter liegenden Bedürfnissen. Was andere sagen oder machen, mag ein *Auslöser* für unser Empfinden sein, ist aber nie (!) seine *Ursache*. Statt anderen also die Schuld für unsere Gefühle zu geben, akzeptieren wir unsere eigene Verantwortung, indem wir unsere individuellen, zugrunde liegenden Bedürfnisse, Wünsche, Erwartungen und Werte erkennen und anerkennen.

Kritik, Urteile, Analysen und Interpretationen sind entfremdete Äußerungen unserer eigenen Bedürfnisse und Werte. Konfrontieren wir andere mit kritischen Aussagen, neigen diese dazu, entweder mit Selbstverteidigung oder einem Gegenangriff zu reagieren. Je direkter und klarer wir von vornherein unsere Gefühle mit unseren Bedürfnissen und Werten in Verbindung setzen, desto einfacher wird es für andere, einfühlsam und verständnisvoll zu reagieren.

Der Unterschied wird durch diese zwei verschiedenen Verbalisierungen des Gefühls »Wut« ersichtlich:

- »Es macht mich echt sauer, wenn in unseren Präsentationen Rechtschreibfehler auftauchen.«
  → Verantwortung für das eigene Gefühl nicht übernommen, das darunter liegende Bedürfnis bleibt versteckt
- »Es macht mich echt sauer, wenn in unseren Präsentationen Rechtschreibfehler auftauchen, *weil mir* wichtig ist, dass unsere Firma nach außen hin professionell auftritt.«
  → Gefühl mit Bedürfnis verknüpft und ausgesprochen

Beispiel:

Dieser entscheidende Wendepunkt in Schritt 3 – unsere Gefühle mit unseren Bedürfnissen verbinden – hieße für das Beispiel »Terminfindung«:

125 Rosenberg: Gewaltfreie Kommunikation, S. 51–53, 56.

- »Mir ist aufgefallen, dass Sie die letzten drei Male, als ich einen Termin mit Ihnen vereinbart hatte, kurz zuvor abgesagt haben. (Schritt 1)
  Ich bin irritiert, (Schritt 2)
  weil ich einige Dinge mit Ihnen besprechen wollte, die mir Sorgen bereiten.« (Schritt 3)

Um die Trennschärfe vollständig zu verstehen, achten Sie einmal auf den Unterschied zwischen folgenden Äußerungen (und deren unterschiedliche Wirkung):

Keine GFK:
- »Sie haben nie Zeit für mich. Ständig sagen Sie drei Minuten vorher unsere Termine ab, obwohl ich Sie jetzt schon mehrfach um eine dringende Besprechung gebeten habe.«

GFK:
- »Mir ist aufgefallen, dass Sie die letzten drei Male, als ich einen Termin mit Ihnen vereinbart hatte, kurz zuvor abgesagt haben. Ich bin irritiert, weil ich einige Dinge mit Ihnen besprechen wollte, die mir Sorgen bereiten.«

Hinweis:
In jedem Gespräch können wir das Bewusstsein für unsere Eigenverantwortung schärfen, indem wir den Satz »Ich fühle … *weil ich/mir* …« einsetzen.[126]

ÜBUNG:

Stellen Sie sich zur Selbstreflexion folgende Fragen:
- Von welcher der obigen Aussagen (keine GFK vs. GFK) fühlen Sie sich mehr angegriffen?
- Wie kommunizieren Sie selbst bislang üblicherweise mit anderen?
- Wie deutlich teilen und verbalisieren Sie Ihre Gefühle und Ihre Bedürfnisse im beruflichen Kontext?

Schritt 4: Bitten (formulieren)
Die vierte Komponente der GFK beinhaltet eine unmissverständlich formulierte *Bitte* um eine *konkrete Handlung* im Hier und Jetzt, die die Situation des Bittenden verbessert und die aussagt, was er statt des Bisherigen in Zukunft braucht. Dabei bedienen wir uns immer einer positiven Handlungssprache, indem wir statt dem, was wir *nicht* wollen, das ausdrücken, *was* wir wollen.

Eine Führungskraft macht beispielsweise den ernst gemeinten Versuch, Feedback von ihren Mitarbeitenden zu erhalten:

126 Rosenberg: Gewaltfreie Kommunikation, S. 59–62, 70.

- »Ich möchte, dass Sie in meiner Gegenwart frei über alles sprechen können.«

Mit dieser Aussage kommuniziert die Führungskraft zwar ihren Wunsch, dass sich ihre Mitarbeitenden »frei« fühlen sollen. Sie sagt ihnen aber nicht, was *genau* sie tun können, um sich so zu fühlen. In positiver Handlungssprache würde die Führungskraft ihr Anliegen stattdessen wie folgt artikulieren:

- »Ich bitte Sie, dass Sie mir *sagen*, was *ich* tun kann, um es Ihnen leichter zu machen, in meiner Gegenwart frei über alles sprechen zu können.«

Beispiel:

Der vierte und letzte Schritt der GFK bedeutete in unserem Beispiel »Terminfindung« dementsprechend richtig umgesetzt:

- »Mir ist aufgefallen, dass Sie die letzten drei Male, als ich einen Termin mit Ihnen vereinbart hatte, kurz zuvor abgesagt haben. (Schritt 1)
  Ich bin irritiert, (Schritt 2)
  weil ich einige Dinge mit Ihnen besprechen wollte, die mir Sorgen bereiten. (Schritt 3)
  Ich bitte Sie darum, unseren nächsten vereinbarten Termin verbindlich einzuhalten, denn ich brauche den Austausch mit Ihnen, um die Auslöser meiner Sorgen besser einordnen zu können.« (Schritt 4)

Hinweis:
Das Ziel der GFK ist es *nicht*, Menschen und ihr Verhalten zu ändern, damit *wir* unseren Willen durchsetzen. Es besteht darin, Beziehungen aufzubauen, die auf Einfühlsamkeit und Offenheit basieren, sodass sich über kurz oder lang die Bedürfnisse jedes und jeder Einzelnen erfüllen.[127]

Tatsächlich mag uns die Anwendung der GFK in der Arbeitspraxis zuerst unüblich, etwas sperrig oder zumindest ungewohnt vorkommen – Letzteres ist sie in der Regel auch. Rosenberg bezeichnete sein Kommunikationsinstrument als eine »Sprache des Lebens«. Er meint damit, dass die Gewaltfreie Kommunikation in Wirklichkeit nichts Neues beinhaltet. Vielmehr ist »[...] alles, was in die GFK integriert wurde, [...] schon seit Jahrhunderten bekannt. Es geht [...] darum, uns an etwas zu erinnern, das wir bereits kennen – nämlich daran, wie unsere zwischenmenschliche Kommunikation ursprünglich gedacht war. Und es geht auch darum, uns gegenseitig [...] [zu unterstützen], dieses Wissen wieder lebendig [zu machen] [...].«[128]

Es ist folgerichtig eine Frage der Übung und natürlich der Veränderungsbereitschaft von Einzelpersonen und Unternehmen, ob und wie sie die Gewaltfreie Kommunikation im beruflichen Kontext einsetzen. Skeptiker*innen möchten wir an dieser Stelle darauf hinweisen, dass die

127 Rosenberg: Gewaltfreie Kommunikation, S. 78–91.
128 Rosenberg: Gewaltfreie Kommunikation, S. 18.

GFK seit mehr als 50 Jahren gewinnbringend auf der ganzen Welt genutzt wird, um bei Auseinandersetzungen, Konflikten und sogar in Kriegen auf allen Ebenen zu vermitteln.[129]

5.5 Fallbeispiel Generationenkonflikt

Ausgangssituation:
Im Marketingteam eines mittelständischen Unternehmens kommt es immer wieder zu Spannungen unter den Mitarbeitenden aus verschiedenen Generationen. Die Mehrheit des zwölfköpfigen Teams ist zwischen 20 und 30 Jahren, der andere Teil 50 Jahre und älter. Der Konflikt entzündet sich am Thema Work-Life-Balance.

Im Unternehmen ist seit Jahren eine Kernarbeitszeit formell festgelegt (9:00–18:00 Uhr = 9 Stunden bei Vollzeitbeschäftigung, inklusive 1 Stunde Mittagspause).

Die Zugehörigen der älteren Generation X beschweren sich regelmäßig darüber, dass die jüngeren Teammitglieder ständig zwischendurch und zudem überdurchschnittlich lange Pausen machen, ihre Mittagspause ausdehnen, morgens später kommen und abends früher gehen. Seitens der jüngeren Generationen Z und Y innerhalb des Teams wird formuliert, dass die »Pausen« regelmäßig auch zum Arbeiten genutzt werden, in denen zum Beispiel gebrainstormt, konkret konzipiert und/oder ein neues Geschäftsmodell diskutiert wird. Sie sind extrem genervt und frustriert, dass dieser Einsatz von den älteren Teammitglieder weder gesehen noch wertgeschätzt wird, im Gegenteil: Sie sehen sich mit abwertenden, teilweise sogar beleidigenden Kommentaren und Kritik an ihrer angeblichen mangelnden Leistungsbereitschaft konfrontiert.

Zwischen den jungen Kollegen und Kolleginnen besteht eine enge, freundschaftliche Verbindung, das Verhältnis zu den älteren war zunächst freundlich-kollegial, dann zunehmend angespannt und distanziert. Inzwischen haben sich die Fronten verhärtet und es herrscht eine regelrechte Spaltung im Team vor: die Jüngeren (Z und Y) versus die Älteren (X und einige wenige Babyboomer).

Ziel:
Durch eine gezielte Teambuildingmaßnahme in Form eines extern begleiteten Workshops soll im ersten Schritt durch Wissensvermittlung zu den einzelnen Generationen das Verständnis füreinander geschaffen und der Werteclash nachvollziehbar werden. Darauf aufbauend sollen die Wertschätzung für die verschiedenen Ressourcen des Teams gestärkt und ihr enormer Vorteil sichtbar gemacht werden. Zusätzlich erhalten die Teilnehmenden wissenschaftlich gestützte Einblicke in die beachtliche, positive Wirkung von Generationenvielfalt. Auf dieser Basis

129 Rosenberg: Gewaltfreie Kommunikation, S. 25.

des Verstehens und Verbindens kann der Zusammenhalt der Teammitglieder über alle Generationen hinweg gefördert und der Konflikt gelöst werden.

Umsetzung und Lösung:
Der Fokus liegt auf mehreren Wachstumszielen:
- Die Teammitglieder werden sich der unterschiedlichen Werte, Bedürfnisse sowie typischen Verhaltensweisen und Einstellungen von Generationen bewusst.
- Sie verstehen, diese zu respektieren und kompromissbereite Lösungen zu finden, die die Bedürfnisse aller Generationen würdigen und den Workflow harmonisch optimieren.
- Die Teammitglieder nehmen ihre unterschiedlichen Ressourcen und Kompetenzen wahr und lernen, diese Vielfältigkeit wertzuschätzen und bewusst im Arbeitsalltag gewinnbringend einzusetzen. Sie erkennen das Potenzial aller Mitarbeitergenerationen für die Zusammenarbeit.
- Das Team entwickelt Wertschätzung für unterschiedliche Generationen. Es versteht sich zukünftig als eine Gemeinschaft wertvoller Individuen, in der jede*r einen maßgeblichen Teil (durch Wissen, Expertise, fachliche Fähigkeiten und persönliche Skills) zum Erfolg der Abteilung und des Unternehmens beiträgt.

Das Team wird durch zwei externe Coaches begleitet, welche sich auf das Thema intergenerative Zusammenarbeit spezialisiert haben.

An Workshoptag 1 liegt der Fokus auf dem Verständnis für die Bedürfnisse und Werte des Gegenübers sowie der Bewusstwerdung der eigenen, persönlichen Kompetenzen.
- Folgende Schwerpunkte werden dabei betrachtet: Welchen Einfluss haben gesellschaftliche, soziale und politische Prägungen auf die Werte und Bedürfnisse jeder Generation?
- Welche unterschiedlichen Ansprüche stellen die Generationen X, Y, Z an Arbeit und Arbeitgeber?
- Was bedeuten ihre abweichenden Prägungen und Einstellungen für die tägliche Zusammenarbeit im Team?

An Workshoptag 2 erkennt das Team Gemeinsamkeiten trotz der Altersunterschiede und erschafft auf dieser Basis eine neue Kultur der Zusammenarbeit. Im Zentrum stehen die Erarbeitung und Beantwortung folgender Fragen:
- Was verbindet die Generationen X, Y und Z?
- Wie nutzt das Team seine Diversität als Motor für den gemeinsamen und den Unternehmenserfolg?
- Welche Lösungsvorschläge und konkreten Ideen gibt es zur Optimierung der Zusammenarbeit?

Ergebnis und Nachhaltigkeit:
Abschließend werden in einer Plenumsdiskussion (= moderierter »Dialog der Generationen«)[130] explizite Verbesserungsvorschläge zur zukünftigen Zusammenarbeit gesammelt und ein Commitment zur Umsetzung dieser Optimierungsideen und daraus abgeleiteter konkreter Maßnahmen getroffen und verbindlich beschlossen:
- *Was*?
- Bis *wann*?
- *Wer* ist verantwortlich?

Um den Erfolg des Workshops nachzuhalten, werden ein zweiwöchentlicher Team-Jour-Fixe sowie ein After-Work-Event einmal pro Quartal implementiert. Zusätzlich wird eine virtuelle, leicht zugängliche, interaktive Plattform erstellt: zum regelmäßigen Austausch von Out-of-the-Box-Ideen, Wachstumsimpulsen und Optimierungsanregungen, sowohl für das Tagesgeschäft als auch für die Zusammenarbeit und die Führung. In der Abteilung Marketing wird künftig von Kernarbeitszeit auf Gleitzeit umgestellt, um das Gefühl von Fairness und Gleichberechtigung sicherzustellen und individuelle Bedürfnisse gleichermaßen zu berücksichtigen.

130 Klaffke: Generationen-Management, S. 22/23.

6 Fazit und Zukunftsausblick

Wir stehen nun am Ende unserer Reise durch die verschiedenen Generationen. Gemeinsam sind wir tief eingetaucht in Werte, Bedürfnisse und Lebenswelten der Generationen X, Y und Z. Wir haben unser Verständnis dafür geschärft, wodurch, wie und warum Menschen verschiedener Altersgruppen geprägt wurden und wie diese Prägungen sie bis heute in ihren Anforderungen und Erwartungen an Arbeit und Arbeitgebende maßgeblich beeinflussen. Wir haben festgestellt, dass enorme Unterschiede zwischen den Generationen bestehen und dementsprechend Spannungsfelder und Konflikte bis hin zur Eskalation in Teams von Unternehmen möglich und sogar keine Seltenheit sind. Gleichzeitig haben wir gesehen, dass es bei allen Abweichungen zwischen den Generationen X, Y, Z auch eindeutige Übereinstimmungen gibt: Wertschätzung, Selbstbestimmung, Entscheidungsfreiheit, ehrliche, respektvolle Kommunikation und Transparenz sind wichtige Werte *aller* Generationen. Sie zeigen sehr konkret, was sich alle Generationen von ihren Kolleg*innen, Führungskräften und Arbeitgebenden wünschen.

Weil sich die neue Arbeitswelt aufgrund der Digitalisierung, der Globalisierung und der (demografischen, kulturellen, ethnischen, sexuellen) Diversität rasend schnell verändert und noch dazu höchst komplex ist, stellt sie uns aktuell wie zukünftig vor die große Herausforderung, uns selbst genauso wie unsere Unternehmenskultur immer wieder neu zu definieren, zu gestalten und teilweise sogar vollkommen neu ausrichten zu müssen. Lebenslanges Lernen, die Einführung und Weiterentwicklung von neuen Arbeitsformen sowie ein noch nie da gewesener Wissenstransfer werden in Zukunft das Maß aller Dinge sein.[131]

Wenn wir nicht das Know-how, die Talente und Fähigkeiten aller Generationen nutzen, können wir diese schwierige Aufgabe niemals bestmöglich lösen. Denn, wo Teams und Unternehmen überwiegend homogen bleiben, gibt es keine Reibungsfläche. Wo keine Reibung existiert, ist keine Veränderung möglich. Und wo keine Veränderung entsteht, kann es auch kein Wachstum geben.

Solange wir wertvolle Ressourcen von Mitarbeitenden aufgrund eigener Vorbehalte gegenüber verschiedenen Generationen systematisch übersehen, ihre Potenziale weder erkennen noch fördern oder sie trotz ihrer Qualifikation bei Einstellungen oder Beförderungen übergehen, werden wir einen massiven Wettbewerbsnachteil auf dem Arbeitsmarkt haben – und das ist, wie wir ausführlich aufgezeigt haben, im sich zuspitzenden »War for Talents« schlicht untragbar.

Ja, mitunter wird es – gerade Führungskräften – einen Spagat zwischen der eigenen Sozialisation (und den daraus entstandenen Verhaltensmustern) und den veränderten Erwartungen von jüngeren Generationen abverlangen. Je tiefer jedoch unser Verständnis für die Bedürfnisse verschiedener Generationen geht, je breiter unser Portfolio an wertschätzenden Verhaltens-

131 Eberhardt: Generationen zusammen führen, S. 51.

weisen, die allen Beschäftigten in ihrer jeweiligen individuellen Situation gerecht werden,[132] wird, desto höher wird die Motivation und Zufriedenheit unserer Mitarbeitenden sein, desto stärker ihre Loyalität und desto größer unsere Arbeitgeberattraktivität.

Die Vision unseres Buches ist es, mehr Unternehmen und ihre Fach- und Führungskräfte zu inspirieren und zu motivieren, Generationenvielfalt zu fördern. Geleitet von diesem Gedanken haben wir veranschaulicht, welchen Gewinn bewusstes Generationenmanagement für Sie bedeuten kann. Zum Abschluss die drei wichtigsten, sofort anwendbaren Impulse:

- Vernetzen Sie sich mit anderen Menschen und/oder Organisationen, die Vorreiter in der Umsetzung von Altersdiversität sind (z. B. der Automobilkonzern Daimler, welcher mit dem Projekt »Space Cowboys – Daimler Senior Experts« ehemaligen Mitarbeitenden ermöglicht, im Zeichen der Generationenvielfalt ihr Fachwissen und ihre Expertise an jüngere Kolleg*innen weiterzugeben).
- Stellen Sie altersdiverse Teams zusammen (nein, ein Team mit zehn Personen Anfang 30 und einer Person Mitte 50 ist *nicht* altersdivers). Brechen Sie stereotype Muster auf und verteilen Sie die Aufgaben bewusst entgegen diesen oder lassen Sie die Aufgaben im Team eigenständig verteilen.
- Sensibilisieren Sie Ihre Leader*innen und Mitarbeitenden und stellen Sie die Vorteile von generationenübergreifenden Teams heraus.[133]

Eine Studie des Zentrums für europäische Wirtschaftsforschung belegt, dass eine alters- und generationengerechte Unternehmensführung die Produktivität nicht nur bei älteren, sondern auch bei jüngeren Arbeitnehmer*innen und vor allem in gemischten Teams wesentlich steigert.[134]

Für uns liegt in der *Zusammenarbeit* der Generationen X, Y und Z der entscheidende Hebel für eine positive Transformation – in Unternehmen genauso wie in unserer Gesellschaft –, von der alle Generationen profitieren.

Für unterschiedliche Aufgaben werden unterschiedliche Perspektiven benötigt, in Familien, Vereinen, Freizeitorganisationen ebenso wie in Firmen. Menschen jeglichen Alters ermöglichen den Zugang zu Zielgruppen jeglichen Alters. Altersdiverse Teams und Konstellationen bringen vielfältige, gewinnbringende, verschiedene Blickwinkel und sich ergänzende wie beflügelnde Talente mit. Auch hier gilt unsere Devise: 1 + 1 = 1.000.

Setzen Sie das Thema Generationenvielfalt ganz oben auf Ihre Agenda – es lohnt sich.

Nutzen Sie die Chance und erschaffen aus dem Nebeneinander der Generationen ein Miteinander.

Gestalten Sie die Zukunft gemeinsam – mit Jung und Alt. Denn: Zusammen sind wir MEHR!

132 Klaffke: Generationen-Management, S. 80.
133 Jobst-Jürgens: New Work, S. 123.
134 Tavolato: Aktives Generationen-Management, S. 29.

Quellen- und Literaturverzeichnis

Brown, Brené: Dare to lead. Brave Work. Tough Conversations. Whole Hearts. Vermilion, 2018.

Eberhardt, Daniela: Generationen zusammen führen. Mit Millennials, Generation X und Babyboomern die Arbeitswelt gestalten. Haufe Verlag, 2. Auflage 2019.

Eilers, Silke/Rump, Jutta: Die jüngere Generation in einer alternden Arbeitswelt. Baby Boomer versus Generation Y. Verlag Wissenschaft & Praxis, 2013.

Holler, Ingrid: Trainingsbuch Gewaltfreie Kommunikation. Abwechslungsreiche Übungen für Selbststudium und Seminare. Junfermann Verlag, 8., überarbeitete und erweiterte Auflage 2016.

Hurrelmann, Klaus/Albrecht, Erik: Die heimlichen Revolutionäre. Wie die Generation Y unsere Welt verändert. Beltz Verlag, 2014.

Hurrelmann, Klaus/Albrecht, Erik: Generation Greta. Was sie denkt, wie sie fühlt und warum das Klima erst der Anfang ist. Beltz Verlag, 2020.

Jobst-Jürgens, Vanessa: New Work. Was relevante Arbeitnehmergruppen im Job wirklich wollen – eine empirische Betrachtung. Springer Gabler Verlag, 2020.

Kallwitz, Sibylle: Schädliche Schubladen. Unconscious Bias in Unternehmen. Managerseminare Heft 293, August 2022.

Klaffke, Martin (Hrsg.): Generationen-Management. Konzepte, Instrumente, Good-Practice-Ansätze. Springer Gabler Verlag, 2014.

Kring, Wolfgang/Hurrelmann, Klaus: Die Generation Z erfolgreich gewinnen, führen, binden. Kiehl/NWB Verlag, 2019.

Mangelsdorf, Martina: Von Babyboomer bis Generation Z. Der richtige Umgang mit unterschiedlichen Generationen in Unternehmen. Gabal Verlag, 2015.

Microsoft: Work Trend Index 2022: Jahresbericht.

Rosenberg, Marshall B.: Gewaltfreie Kommunikation. Eine Sprache des Lebens. Junfermann Verlag, 12. Edition 2016.

Schulz von Thun, Friedemann: Miteinander reden. Band 1: Störungen und Klärungen. Psychologie der zwischenmenschlichen Kommunikation. Rowohlt, 1981.

Tavolato, Peter: Aktives Generationen-Management. Ressourcen nutzen – Mitarbeiter führen – Teams entwickeln. Schäffer-Poeschel Verlag, 2016.

GENERATION
BOLD

Nadine Nordmann und Ulla Drewitz sind Gründerinnen von Generation BOLD.

Ihr Institut für Generationenentwicklung steht für mehr Erfolg durch Altersdiversität in Unternehmen, eine zukunftsorientierte Arbeitswelt und die Entwicklung eines reibungslosen Workflows. In ihrem Konzept vermitteln sie einzigartige Lösungsstrategien und schaffen ein Bewusstsein für die Chancen, die im demografischen Wandel in Deutschland liegen.

VISION

Generation BOLD bringt als Institut für Generationsentwicklung Verständnis für diverse Generationen in die Unternehmen, um eine nachhaltige, vertrauensstiftende Zusammenarbeit zu erschaffen. Dabei entstehen Wertschätzung, Austausch auf Augenhöhe und wirtschaftlicher Erfolg. Das Ziel ist eine generationenübergreifende Teamentwicklung und die Förderung von Führungskräften im Bereich New Work.

MISSION

Generation BOLD schafft mit Workshops und Trainings für Teams und Führungskräfte eine neue, zeitgemäße Unternehmenskultur. Im Vordergrund stehen ein aufrichtiges Commitment zu einem bewussten Miteinander, das Prinzip des Reverse Mentoring und der gemeinsame Wachstumserfolg. Verschiedenheit heißt für die Gründerinnen Vielfältigkeit und sie schätzen sie als einen der kraftvollsten Hebel, den es in der Arbeitswelt gibt. New Work bedeutet für sie nicht nur digitales, zeit- und ortsunabhängiges Arbeiten, sondern eine neue Definition von Arbeit, die den Mensch in den Mittelpunkt stellt.

PASSION

Für die Gründerinnen von Generation BOLD gilt schon immer: 1+1=1000. Nadine Nordmann und Ulla Drewitz haben ihre Vielfältigkeit immer als Bereicherung empfunden. Sie bringen in der anderen jeweils das Beste zum Vorschein und wachsen gerade wegen ihrer Diversität gemeinsam. Diese positive Erfahrung geben sie jetzt - natürlich gemeinsam - an andere Teams und Leader weiter. Durch ihre Erfahrung als Chefredakteurinnen-Duo bei Magazinen für junge Zielgruppen (Bravo, Bravo Girl und Joy) ist die Nähe zur Generation Z sehr präsent. Gleichzeitig sind beide Gründerinnen Stellvertreterinnen für ihre Generationen (Y & X). Nadine Nordmann und Ulla Drewitz sind Mentorinnen bei FeMentor und geben ihr Wissen, ihre Expertise und Lebenserfahrung an junge Frauen weiter – gleichzeitig lassen sie sich gern von Jüngeren inspirieren.

BUSINESS

Ein tägliches Aufeinandertreffen von unterschiedlichen Generationen mit widersprüchlichen Vorstellungen, z.B. von Digitalisierung, Homeoffice, Leistungsbereitschaft oder Work-Life-Balance, stellt die aktuelle Arbeitswelt vor große Herausforderungen. Hier bietet Generation BOLD die ideale Lösung:

Für Teams

Generationenübergreifende
- Teamentwicklung
- Teamworkshops
- Teambuildings
- Konfliktmanagement

Für Führungskräfte

- Führungskräftetraining
- New Work Training
- Culture & Age Diversity Consulting
- Change Management

SAY HELLO!
www.generationbold.de • office@generationbold.de • in

Stichwortverzeichnis

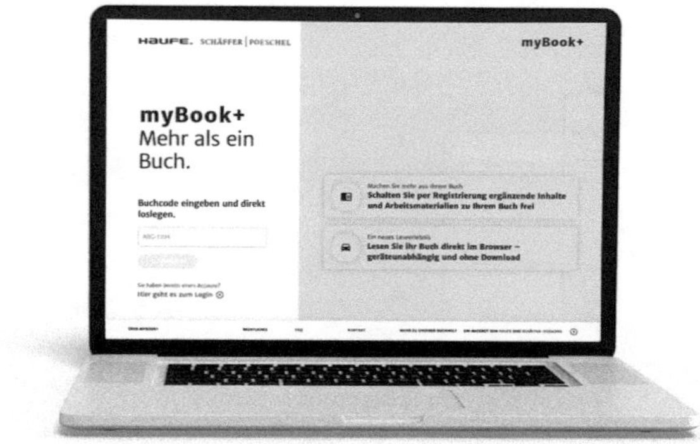

Ihre Online-Inhalte zum Buch: Exklusiv für Buchkäuferinnen und Buchkäufer!

- https://mybookplus.de
- Buchcode: BGC-75673

PI1108 3070
7994348